实验动物科学丛书 7

丛书总主编 / 秦川

VII实验动物技术系列

动物实验操作技术手册

高 虹 邓 巍 ◎ 主编

科学出版社

北 京

内 容 简 介

　　本手册是笔者在长期工作中总结的实验动物常见技术操作，介绍了动物抓取与保定、动物标记、动物给药、动物标本采集、动物影像学检查，以及动物安死术、病理剖检与取材、动物质量检测、动物手术等动物实验常用的技术规范。将每一项操作归纳为几个步骤，便于记忆；关键步骤均配上图示，便于文字的理解；将配图放在文字旁边，方便读者边看边学。

　　本手册可作为实验动物饲养人员、动物设施管理人员、实验动物专业技术人员等级考试及研究生的专业培训教材，是实验动物专业相关人员提升技术水平的重要参考用书。

图书在版编目（CIP）数据

　　动物实验操作技术手册 / 高虹，邓巍主编. —北京：科学出版社，2019.3
　　（实验动物科学丛书）
　　ISBN 978-7-03-060843-7

　　Ⅰ. ①动… Ⅱ. ①高… ②邓… Ⅲ. ①实验动物－技术手册 Ⅳ. ①Q95-33

　　中国版本图书馆CIP数据核字（2019）第047569号

责任编辑：罗　静　闫小敏 / 责任校对：郑金红
责任印制：肖　兴 / 封面设计：图阅盛世

科学出版社 出版
北京东黄城根北街16号
邮政编码：100717
http://www.sciencep.com

北京汇瑞嘉合文化发展有限公司 印刷
科学出版社发行　各地新华书店经销

*

2019年3月第 一 版　开本：890×1240 1/32
2019年3月第一次印刷　印张：4 3/8
字数：136 000

定价：98.00元
（如有印装质量问题，我社负责调换）

序

实验动物科学是一门新兴交叉学科，它集成生物学、兽医学、生物工程、医学、药学、生物医学工程等学科的理论和方法，以实验动物和动物实验技术为研究对象，为相关学科发展提供系统生物学材料和相关技术。实验动物科学不仅直接关系到人类疾病研究、新药创制、动物疫病防控、环境与食品安全监测和国家生物安全与生物反恐，而且在航天、航海和脑科学研究中也具有特殊的作用与地位。

虽然国内外都出版了一些实验动物领域的专著，但一直缺少一套能够体现学科特色的系列丛书，来介绍实验动物科学各个分支学科、领域的科学理论、技术体系和研究进展。

为总结实验动物科学发展经验，形成学科体系，从 2012 年起就计划编写一套实验动物的科学丛书，以展示实验动物相关研究成果，促进实验动物学科人才培养，有助于行业发展。

经过对系列丛书的规划设计后，我和相关领域专家一起承担了编写任务。本丛书由我总体设计、规划、安排编写任务，并担任总主编。组织相关领域专家，详细整理了实验动物科学领域的新进展、新理论、新技术、新方法，是读者了解实验动物科学发展现状、理论知识和技术体系的不二选择。根据学科分类、不同职业的从业要求，丛书内容包括Ⅰ实验动物管理、Ⅱ实验动物资源、Ⅲ实验动物基础、Ⅳ比较医学、Ⅴ实验动物医学、Ⅵ实验动物福利、Ⅶ实验动物技术、Ⅷ实验动物科普，共计 8 个系列。目前已经出版 6 本。

该书为Ⅶ实验动物技术系列中的《动物实验操作技术手册》，采用图文并茂的方式，介绍了动物抓取与保定、动物标记、动物给药、动物标本采集、病理剖检与取材等动物实验基本操作技术，以及实验动物外科操作技术等内容。

该书在保证科学性的前提下，力求通俗易懂，图文并茂，融知识性与趣味性于一体，全面、生动地将实验动物疾病相关知识呈现给读者，是在实验动物科学、医学、药学、生物学、兽医学等相关领域从事科研、教学、生产等工作的人员了解实验动物科学知识的理想读物。

总主编　秦川 教授
中国医学科学院医学实验动物研究所所长
北京协和医学院比较医学中心主任
中国实验动物学会理事长
2017 年 1 月

前言一

近年来，使用实验动物进行生命科学和医学研究的人员越来越多，大家都需要进行实验动物的基本技术操作，实验人员技术水平的高低直接影响实验结果。在实验动物教学和工作中，我们发现实验动物从业人员均迫切希望提高自身的实验动物专业知识和实验操作技能，为使实验动物从业人员掌握实验动物和动物实验的规范操作方法，我们编写了此技术操作手册。

本手册是笔者在长期工作中总结的可能出现问题的实验动物常见技术操作，采用图片和简要文字说明相结合的方式，介绍了动物抓取与保定、动物标记、动物给药、动物标本采集、病理剖检与取材等动物实验基本操作技术，以及实验动物外科操作技术等内容，针对从事动物实验工作的人员，图文并茂，理论与实际工作相结合，适用于每个"动物"管理者，可以解决他们在工作和研究中遇到的常见技术操作问题，是实验动物工作者的手边书。本手册可作为实验动物饲养人员、动物设施管理人员、实验动物技术人员等级考试及研究生的专业培训教材，是实验动物专业相关人员提升技术水平的重要参考用书。

本手册在"实验动物科学丛书"总主编秦川教授的规划和提议下编写。在编写过程中，秦川教授先后多次对书稿内容进行了系统的修改校对，并提出了一些具体的修改意见。本书于2018年1月召开编委会会议，确定编写提纲和编写体例，2018年6月完成。参加本书编写的作者有10余位，均是长期从事动物实验操作和实验室管理、有着非常丰富经验的专业人士，希望对读者有所帮助。

本书的编写得到国家艾滋病和病毒性肝炎等重大传染病防治科技重大专项"重大及突发传染病动物模型研制及关键技术研究"（2017ZX10304402）和中国医学科学院医学与健康科技创新工程项目"人类疾病动物模型平台"（2016-I2M-2-006）的资助，在此一并感谢。

高 虹

2018 年 10 月

前言二

　　实验动物科学，已经成为现代科学技术不可分割的一个组成部分，是生命科学的基础和条件，它作为科学研究的重要手段，直接影响着许多领域研究成果的产出。动物实验是实验动物科学研究的主要方法手段，动物实验操作已经成为现代医学、生命科学研究及教学领域不可或缺的技术手段之一。拥有熟练的动物实验技术和技巧，是顺利完成动物实验并取得准确、可靠结果的保证。

　　在现代医学、生命科学相关专业研究生培养阶段，实验动物学已经成为研究生的主要课程之一。掌握实验动物学知识，尤其是掌握并熟练运用动物实验技术是对大多数研究生在培养阶段的基本要求。

　　本书详细介绍了抓取、保定、采样、给药等动物实验的基本操作方法，动物标记方法，影像学检查方法，动物安乐死方法、病理剖检与取材技术方法、动物质量检测方法、外科手术操作方法等动物实验常用的技术规范，适用于每个使用实验动物的研究生及技术操作人员，旨在给他们提供一本可查阅学习的手边书，了解并掌握常用的动物实验技术方法，帮助他们解决学习和科研工作中常见的技术问题，能够迅速融入到科研学习当中。本书在一些细节上精心设计，力求为研究生及技术人员在实验动物学学习和基本科研训练中提供一本实用性强的教学参考书。例如，将每一项操作归纳为几个步骤，便于记忆；关键步骤均配上图示，便于对文字的理解；将配图放在文字旁边，方便读者边看边学；选取了最常用的 7 种实验动物的保定、给药、采血、手术等 30 余类基本操作，覆盖了目前绝大多数常用的动物实验操作。限于编者水平，书中难免存在疏漏，敬请指正。

邓　巍

2018 年 10 月

目　录

第一章　动物抓取与保定

1.1　小鼠的抓取与保定

1.1.1　小鼠的双手保定

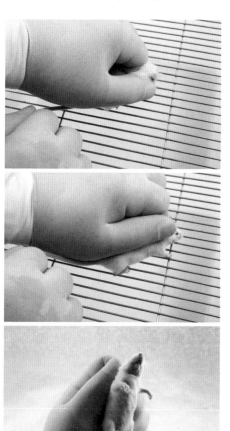

1) 打开鼠笼，用右手捏住鼠尾提起，放在较粗糙的平面或鼠笼盖上。

2) 轻轻向后拉鼠尾，当小鼠向前爬行时，用左手拇指及食指呈 "V" 字形顺势压住小鼠颈背部,使其固定且无法回头。

3) 左手拇指及食指向前推进并捏住小鼠颈部皮肤和双耳，捏住的皮肤要适量，太多太紧会导致小鼠窒息，太少太松则无法妥善保定，小鼠易挣脱或回头咬伤操作人员。

4) 捏住后翻转左手，右手捏住鼠尾摆正小鼠体位，将其置于左手掌心中，左手无名指或小指压住尾根部，使小鼠身体呈一条直线。

1.1.2　小鼠的单手保定

1) 打开鼠笼，用手捏住鼠尾提起，放在较粗糙的平面或鼠笼盖上。
2) 左手拇指与食指捏住鼠尾后段，无名指与小指夹住尾根部。

3) 左手拇指、食指松开鼠尾，呈"V"字形向前捏住小鼠颈背部，将小鼠固定在手中，翻转左手即可。

1.2 大鼠的抓取与保定

1）打开鼠笼，用右手捏住鼠尾提起，放在较粗糙的平面或鼠笼盖上。

2）轻轻向后拉鼠尾，当大鼠向前爬行时，用左手拇指及食指呈"V"字形顺势压住大鼠颈背部，使其固定且无法回头。

3）拇指及食指向前推进并捏住大鼠颈部皮肤和双耳，捏住的皮肤要适量。

4）捏住后翻转左手，右手捏住鼠尾摆正大鼠体位，将其置于左手掌心中，使大鼠身体呈一条直线。

1.3 豚鼠的抓取与保定

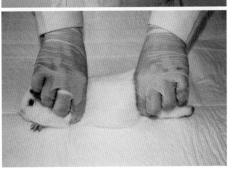

1）操作人员用一只手抓住豚鼠前肢及躯干。
2）用另一只手轻轻托住豚鼠腹部并抓住其后肢。此操作适用于豚鼠短距离转运。

3）操作人员分别用双手抓住豚鼠的前肢、头部与腹部、后肢，此操作适用于采血等操作。

1.4 猴的抓取与保定

1) 在抓取猴前应对其进行禁食过夜，以防麻醉时呕吐食糜吸入肺部造成意外。
2) 将笼子的拉杆拉出，将猴固定在笼具门处。此时不可过度用力以免挤伤动物。

3) 小心抓出猴的上肢或下肢，抓取时应小心以免被其咬伤。
4) 根据实验需要给猴注射盐酸氯胺酮或者其他麻醉药剂。

5) 对猴进行持续观察直至其丧失行动能力，其间如出现意外要及时进行处理，如其注射后攀爬在笼具顶角还应避免摔伤。
6) 待猴彻底丧失行动能力后打开笼门，将其取出，进行操作。

1.5　小型猪的抓取与保定

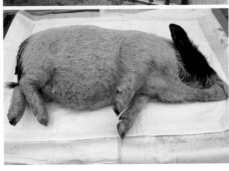

1) 在抓取小型猪前应对其进行禁食过夜，以防麻醉时呕吐食糜吸入肺部造成意外。
2) 将小型猪挤到房间一角，限制其运动。

3) 小心抓住小型猪的耳朵，抓取时应小心以免被其咬伤。
4) 根据实验需要给小型猪注射盐酸氯胺酮或者其他麻醉药剂，注射部位应选取耳后肌肉，注射时不可打飞针以免影响注射效果。

5) 对小型猪进行持续观察直至其丧失行动能力，其间如出现意外要及时进行处理。
6) 待小型猪彻底丧失行动能力后，将其取出，进行操作。

1.6　家兔的抓取与保定

1) 操作人员用双臂环抱住家兔躯干部位，不可直接抓耳朵。
2) 用手轻轻托住家兔臀部及后腿，防止其后腿蹬踏对操作人员造成伤害。

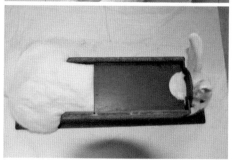

3) 将家兔放入专门的保定盒中进行保定，并进行相关实验操作。

1.7　犬的抓取与保定

1) 操作人员用双臂环抱住犬躯干部位。
2) 用手轻轻托住犬腹部。此操作适用于犬短距离转运。

3) 操作人员用上臂与身体夹住犬躯干部位。
4) 用另一只手环抱住犬头部。此操作适用于犬给药、取血等操作。

第二章 动物标记

2.1 染色法

1) 器械准备：棉签、染色液。
2) 使用染色液对动物明显部位的被毛进行涂染以识别动物。

3) 一般适用于浅色动物，如白色大鼠、白色小鼠、白色家兔等。
4) 常用染液包括品红、苏木素等。
5) 实验周期较长时，动物体表着色部位可能因为动物之间互相摩擦、被毛被水浸湿等而发生颜色变浅或消失，需在实验进行中补涂染液，使标记清晰。

2.2 耳 孔 法

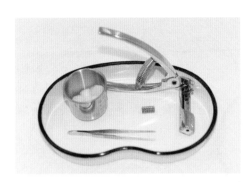

1) 器械准备：耳号钳、耳号、镊子、医用酒精棉球。

2) 单手保定小鼠，使用耳号钳将耳号固定在小鼠耳上进行标记。

3) 也可用打孔机直接在实验动物的耳朵上打孔编号，根据打在动物耳朵上的部位和孔的多少进行编号。并用镊子整理耳号，使其便于观察。

4) 另一种耳孔法是用剪刀在实验动物的耳郭上剪缺口，作为区分实验动物的标记。

2.3 剪毛法

1) 器械准备：弯头手术剪。
2) 将动物保定，剪毛不会造成动物疼痛，所以不需进行麻醉。

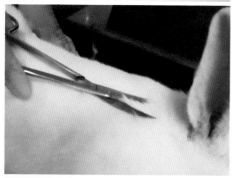

3) 选择动物头、背、尾、四肢等方便观察的位置使用手术剪除动物被毛，并做好对应记录。

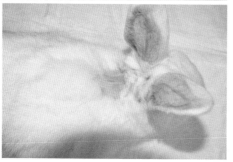

4) 定期对动物编号进行检查，如被毛恢复则重新进行剪毛。

2.4 芯 片 法

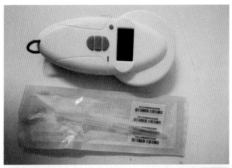

1) 器械准备：一次性芯片注
   射器、扫码器。
2) 将动物进行保定。
3) 选择头颈或者背部等皮下
   组织疏松且动物不易触碰
   到的位置进行芯片注射，
   防止芯片意外脱落。

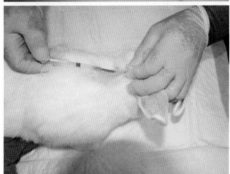

4) 使用医用酒精棉球对动物
   注射部位进行消毒。
5) 使用专门的一次性芯片注
   射器将动物芯片注入动物
   皮下。
6) 操作人员用手触摸动物皮
   下芯片，确认芯片准确注
   入预定位置。

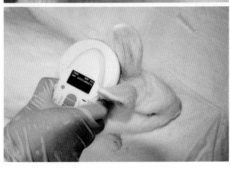

7) 用扫码器检测芯片，检查
   读数是否准确。
8) 详细记录动物注射位置及
   编号。

2.5 文身法

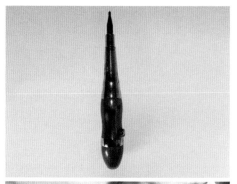

1）器械准备：文身笔。
2）对动物进行麻醉、剃毛、
  体表皮肤消毒。

3）选择动物被毛稀疏的腿部
  或者胸部做文身标记。
4）文身墨水应选择对动物健
  康无害且不易脱落的专用
  墨水。

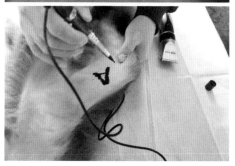

5）使用文身笔对动物进行文
  身编号，并详细记录。需
  根据动物体型调整文身笔
  进针深度，防止进针过深
  伤害动物。

2.6　挂　牌　法

1) 器械准备：动物挂牌、钢丝。
2) 动物挂牌要求选择质地坚硬、不易生锈的材料，如不锈钢牌或者铜牌，表面圆滑不锋利，不会划伤动物。

3) 挂牌上打孔，以钢丝制作挂链，钢丝应选择硬度较高、周身及断口圆滑的材质，防止刺伤动物。

4) 将挂牌用挂链挂于动物颈部，做到松紧适中，挂链接口应做到紧致密实，防止动物自行摘取挂牌。
5) 定期对挂牌的松紧程度进行检查，如果因动物生长发育造成挂链过紧，应及时更换挂链。

2.7 剪 趾 法

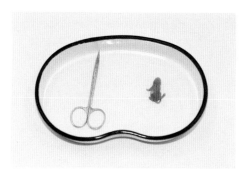

1) 器械准备：眼科剪。
2) 出生 7 天以内的乳鼠可用剪趾法进行标记。
3) 标号：剪趾法标记用两位数表示。前趾从左到右表示十位数的 1 ～ 9，后趾从左到右表示个位数的 0 ～ 9。
4) 单手保定乳鼠后，用眼科剪剪断相应脚趾。应切断其中一段趾骨，不能只断趾尖，以防伤口痊愈后辨别不清。

注：此方法是在没有其他标记方法可选择时才可以使用。

第三章　动物给药

3.1　消化道给药

3.1.1　口服给药

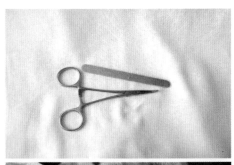

1）器械准备：压舌板、长弯止血钳。
2）将猴进行轻度麻醉，麻醉程度以动物可以进行正常吞咽反射为准。

3）打开猴口腔，用压舌板下压其舌根，暴露会厌。

4）在直视条件下使用长弯止血钳将药片放至猴的食道口，猴出现吞咽反射将药片咽下，给药成功。
5）观察猴直至其完全苏醒，以免出现呕吐造成窒息等意外情况。

3.1.2 灌胃给药

1. 豚鼠灌胃

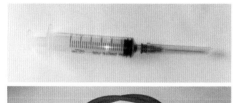

1) 器械准备：胃管、注射器。
2) 将豚鼠进行保定。
3) 根据豚鼠体型选择型号合适的胃管进行操作，胃管头部使用生理盐水或液体石蜡润滑后再进行操作。

4) 打开豚鼠口腔，顺势将胃管插入食道，如经过会厌软骨过程中豚鼠出现干呕、咳嗽等异常状况应立刻停止操作。
5) 胃管插入食道后，连接注射器回抽注射器，应感觉到食道壁贴在胃管头部，使注射器回抽困难。如回抽顺畅则表示可能插入气管当中，应立刻停止操作。

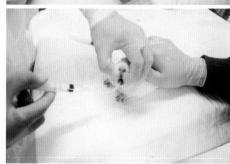

6) 继续插入胃管到达胃部，此时回抽注射器可感觉较为顺畅，并可见胃液被抽出，证明胃管插入成功。
7) 操作完成后应持续观察直至豚鼠苏醒，防止因呕吐造成窒息。

2. 家兔灌胃

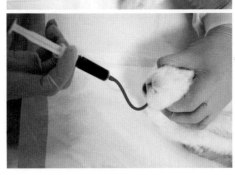

1) 器械准备：胃管、注射器。
2) 将家兔进行保定或轻度麻醉。
3) 根据家兔体型选择型号合适的胃管进行操作，胃管头部使用生理盐水或液体石蜡润滑后再进行操作。

4) 打开家兔口腔，顺势将胃管插入食道，如经过会厌软骨过程中家兔出现干呕、咳嗽等异常状况应立刻停止操作。
5) 胃管插入食道后，连接注射器回抽注射器，应感觉到食道壁贴在胃管头部，使注射器回抽困难。如回抽顺畅则表示可能插入气管当中，应立刻停止操作。
6) 继续插入胃管到达胃部，证明胃管插入成功。
7) 操作完成后应持续观察直至家兔苏醒，防止因呕吐造成窒息。

3. 猴灌胃

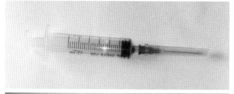

1）器械准备：胃管、注射器。
2）将猴麻醉后侧卧或仰卧放平。
3）根据猴体型选择型号合适的胃管进行操作，胃管头部使用生理盐水或植物油润滑后再进行操作。

4）打开猴口腔，顺势将胃管插入食道，如经过会厌软骨过程中猴出现干呕、咳嗽等异常状况应立刻停止操作。
5）胃管插入食道后，连接注射器回抽注射器，应感觉到食道壁贴在胃管头部，使注射器回抽困难。如回抽顺畅则表示可能插入气管当中，应立刻停止操作。
6）继续插入胃管到达胃部，此时回抽注射器可感觉较为顺畅，并可见胃液被抽出，证明胃管插入成功。
7）操作完成后应持续观察直至猴苏醒，防止因呕吐造成窒息。

4. 大鼠、小鼠灌胃

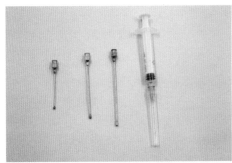

1) 器械准备：灌胃针、注射器。
2) 将注射器套上灌胃针头并将针头拧紧，抽取实验所需的给药量，排尽注射器内空气。

3) 保定小鼠，注意将其全身，特别是从颈部到胸部笔直地伸展开。
4) 将灌胃针置于小鼠体前与肢体长轴平行，针头膨大处位于小鼠两肘部连线与长轴正中线的交点处，预量进针深度。

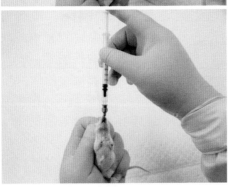

5) 将灌胃针插入小鼠口腔，与身体长轴保持平行慢慢插入。当针头到达咽喉部时略有抵抗感，这时将针头稍向腹侧移动即可进入食道。

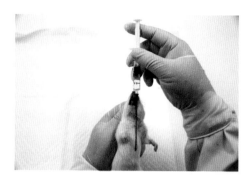

6) 到达胃部后，如小鼠未出现呼吸困难，针头进入顺利，可将注射器内药物缓慢注入胃内。

7) 如插入有阻力或推注时小鼠嘴角有药液流出，表示针头未插入胃内，必须拔出针头重新插入。

8) 大鼠灌胃操作与小鼠一致。

5. 犬灌胃

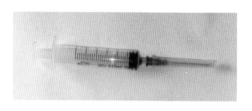

1) 器械准备：胃管、注射器。

2) 由助手固定犬头部与下颌。
3) 操作人员固定犬上颌，持胃管沿其上颚插入。

4) 插入胃管后，将另一端放入水中，无气泡逸出。

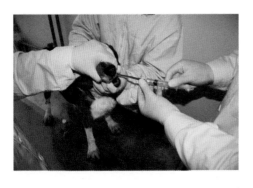

5) 用空注射器回抽，若为真空状态或回抽出少量胃液，表明胃管已插入胃中。
6) 将药液缓慢推入后，需继续注射 1 ~ 2mL 饮用水将胃管中的药液冲出。
7) 注射完毕后，闭合胃管，迅速拔出。

3.2 呼吸道给药

呼吸道给药一般可采用滴鼻和雾化两种方式。

3.2.1 滴鼻

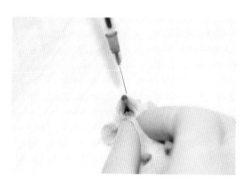

1）小鼠一次滴鼻剂量最好为 10 ～ 20μL。
2）单手保定动物，使用 1mL 注射器或 10μL tip 枪头将药液滴入动物鼻腔内。
3）在滴鼻后，应将小鼠头向上稍置 30 ～ 60s，以防药液流出。

3.2.2 雾化

1）将气溶胶发生液（给药液）倒入雾化器雾化小管内，将动物置于动物固定管中，插入口鼻式暴露舱，仅对动物鼻部进行暴露。

2）根据动物呼吸量设置实验参数，使用鼻式气溶胶暴露装置制造药物气溶胶，令动物吸入。

3.3 涂布给药

3.3.1 大鼠、小鼠涂布给药

1) 器械准备：脱毛药剂、棉签、镊子、医用酒精棉球。
2) 操作前需先对鼠给药部位的皮肤进行脱毛处理，脱毛部位、面积视实验要求而定。一般选取脊柱两侧的躯干中间部分皮肤，有时选用腹部皮肤。

3) 脱毛时，可先将鼠给药部位的毛发剃短，再将脱毛药剂涂于其背部两侧 1～2min，之后用纱布蘸清水洗净擦干，或可用剃毛刀直接剃毛。
4) 脱毛 24h 后观察脱毛部位有无破损、炎症、过敏等现象，若存在以上症状则不可给药。

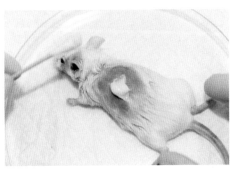

5) 用镊子夹取酒精棉球于给药部位消毒。
6) 将鼠保定，使用棉签蘸取供试品涂抹在裸露的皮肤表面，后用纱布及胶布固定。

3.3.2 家兔涂布给药

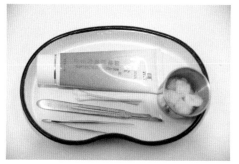

1) 器械准备：脱毛药剂、棉签、镊子、医用酒精棉球。
2) 选择家兔的耳部皮肤进行给药。
3) 在给药前 24h 对家兔进行脱毛处理。应选择对皮肤无刺激作用的脱毛药剂进行脱毛。
4) 给药前将家兔保定或者轻度麻醉，用生理盐水清理皮肤。
5) 用镊子夹取酒精棉球于给药部位消毒。
6) 将药剂均匀地涂布于裸露的皮肤表面，直至全部吸收，其间家兔应被完全保定，以免其抓、挠、剐、蹭给药部位。

3.3.3　豚鼠涂布给药

1) 器械准备：脱毛药剂、棉签、镊子、医用酒精棉球。
2) 选择豚鼠脊柱两侧的背部皮肤进行给药。
3) 在给药前 24h 对豚鼠进行脱毛处理。应选择对皮肤无刺激作用的脱毛药剂进行脱毛。
4) 给药前将豚鼠保定或者轻度麻醉，并对皮肤表面进行清理。

5) 用镊子夹取酒精棉球于给药部位消毒。
6) 将药液均匀地涂布于裸露的皮肤表面，直至全部吸收，其间豚鼠应被完全保定，以免其抓、挠、剐、蹭给药部位。

3.4 注 射 给 药

3.4.1 皮下注射

1. 猴皮下注射

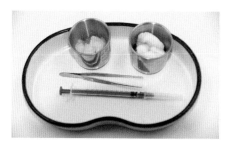

1) 器械准备：注射器、镊子、干棉球、医用酒精棉球。

2) 将猴麻醉后侧卧放平，如猴体型较小容易保定也可不麻醉。

3) 皮下注射的位置一般选在猴的颈背部，或者腹股沟等皮肤组织疏松的位置。

4) 注射前使用医用酒精棉球对注射区域进行消毒处理，整理被毛，暴露皮肤。

5) 将皮肤拽起呈三角状，然后进针，进入皮下后针感顺畅，回抽注射器不见有回血方可进行注射。

6) 注射时应缓慢，不可过急过快，以免对猴造成影响。

7) 注射完毕后，应用干棉球轻轻压迫注射部位防止药液倒流，注射成功后不应见到皮肤组织有异常隆起。

2. 大鼠、小鼠皮下注射

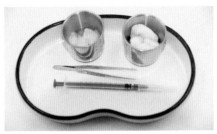

1) 器械准备：注射器、镊子、干棉球、医用酒精棉球。
2) 将注射器套上针头并将针头拧紧，抽取实验所需给药量，排尽注射器内空气。

3) 给药部位：颈背部皮下，也可按实验方案要求选用其他部位。
4) 保定动物：将小鼠放到实验台或小鼠盒盖上，从背部按压保定小鼠。
5) 用医用酒精棉球消毒注射部位，提起头侧的颈背部皮肤，呈三角形皱褶。

6) 持注射器刺入，针头从保定动物的拇指和食指之间穿过，针头稍向左右移动确认可活动后将药液注入。
7) 注射完毕，拔出针头，有出血或漏液时用干棉球轻压注射部位。

8) 大鼠皮下注射操作与小鼠一致。

3.4.2 皮内注射

1. 大鼠、小鼠皮内注射

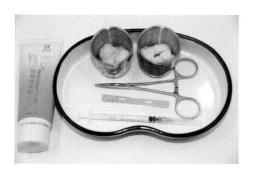

1）器械准备：注射器、医用酒精棉球、干棉球、止血钳、剃毛刀片或脱毛药剂。

2）操作前需先对给药部位的皮肤进行脱毛处理。一般选取脊柱两侧的躯干中间部分皮肤。脱毛时，可先将给药部位的毛发剃短，再使用脱毛药剂。用止血钳夹住刀片将脱毛药剂及毛发刮掉，用干棉球蘸清水擦拭。

3）操作人员用一只手将给药部位皮肤绷紧固定，另一只手持注射器，让注射针头的横断面朝上，将针头与皮肤呈约10°沿表浅层刺入皮肤内，进针要浅，避免进入皮下。

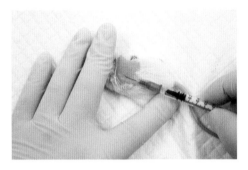

4) 松开固定皮肤后，慢慢注入一定量药液，注入时会感到有很大阻力，当药液注入皮内时可见到注射部位表面马上会鼓起小丘疹状的小包，同时因注射部位局部缺血，皮肤上的毛孔极为明显。小包如未很快消失，则证明药液确实注射在皮内，注射正确。

5) 注射完毕后，注射器针头应稍事停留然后缓慢拔出，避免立即拔针将药液从注射部位带出。

2. 猴皮内注射

1) 器械准备：注射器、镊子、干棉球、医用酒精棉球。
2) 将猴麻醉后侧卧放平，如体型较小容易保定也可不麻醉。
3) 皮内注射位置一般选在上眼睑处。

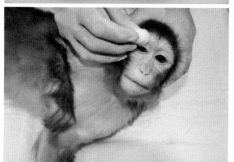

4) 注射前使用医用酒精棉球或生理盐水对注射区域进行消毒处理或擦拭，使用医用酒精棉球时不能使酒精触碰到眼球刺激猴。

5) 用针头挑起眼睑皮肤，水平进针插入眼睑皮内。
6) 注射时应缓慢，不可过急过快，以免造成药液流出。
7) 注射完毕后，应用干棉球轻轻按压注射部位，防止药液倒流，注射成功后可见眼睑有明显隆起。

3.4.3　肌内注射

1) 器械准备：根据给药量准备注射器、医用酒精棉球、干棉球、镊子。
2) 将注射器套上针头并将针头拧紧，抽取实验所需给药量，排尽注射器内空气。

3) 给药部位一般选择股二头肌，药量多需多点注射时可选用股直肌。
4) 由助手用一只手从背部轻轻抓住小鼠，另一只手捏住给药侧后肢的上方。

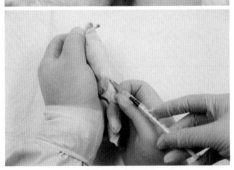

5) 操作人员用一只手拉住被注射后肢，用镊子夹住医用酒精棉球消毒注射部位，另一只手持注射器，针头呈 45° 倾斜刺入肌肉约 0.5cm。刺入后无回血现象即可推注药液。注射完毕拔出针头，有出血或漏液时用干棉球轻压注射部位。

3.4.4 腹腔注射

1) 器械准备：注射器、医用酒精棉球、干棉球、镊子。
2) 将注射器套上针头并将针头拧紧，抽取所需给药量，排尽注射器内空气。

3) 给药部位为腹部两侧下 1/3 至 2/3 处，避开腹中线，向左或向右 0.5cm。
4) 一只手抓住小鼠尾稍向后拉，另一只手的拇指和食指、中指抓住颈部到背部的皮肤，将皮肤拉紧使头部不能活动，头部向下倾斜保定小鼠，避免入针时刺伤其内脏，用无名指和小指保定鼠尾，腹部皮肤绷紧更容易入针。

5) 一只手保定好小鼠后，另一只手用镊子夹住医用酒精棉对下腹部的中线左或右侧消毒。
6) 持注射器针头与皮肤呈约 45° 倾斜缓慢刺入腹腔，避免扎伤腹腔内脏器，刺入深度 0.5 ～ 1cm，将注射液缓缓注入。注射完毕拔出针，如有药液外漏时用干棉球轻压注射部位。

3.4.5　静脉注射

1. 大鼠、小鼠尾静脉注射

1) 器械准备：根据给药量准备注射器、医用酒精棉球、固定器、干棉球、镊子。
2) 将注射器套上针头并将针头拧紧，抽取实验所需给药量，排尽注射器内空气。

3) 将小鼠放入固定器内，鼠尾拉出，朝向操作人员。
4) 一只手捏住鼠尾，另一只手用医用酒精棉消毒，同时反复摩擦使静脉扩张。

5) 在距鼠尾尖 1/4 至 1/3 处血管，持注射器向尾根部呈 30° 进针。

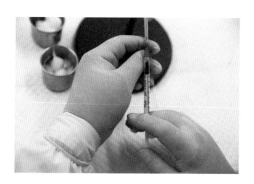

6) 将针头刺入确认有回血后，将溶液按实验要求速度注入。注射后立即拔针，用纱布或干棉球轻压注射部位止血。

7) 注意事项：刺入的深度大约为皮肤深度。如果刺入失败，可以由进针处向尾根部方向前移再进行注射。开始注射时以少量缓注，如无阻力，表示针头已进入静脉。如有白色皮丘出现，说明未刺入血管，拔出后重新刺入。

2. 小鼠阴茎静脉注射

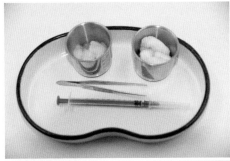

1) 器械准备：镊子、注射器、医用酒精棉球、干棉球。
2) 将注射器套上针头并将针头拧紧，抽取实验所需给药量,排尽注射器内空气。

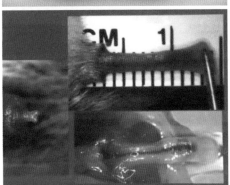

3) 将小鼠麻醉后仰卧保定，翻开包皮，用镊子夹住阴茎骨末端拉出阴茎，背侧阴茎静脉明显可见，水平刺入注射器给药即可。
4) 此处血液不易凝固，拔针后需注意止血。

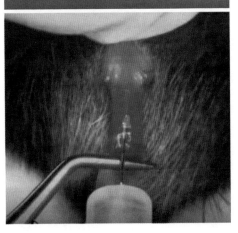

3. 豚鼠静脉注射

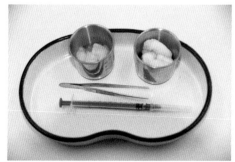

1）器械准备：注射器、镊子、干棉球、医用酒精棉球。

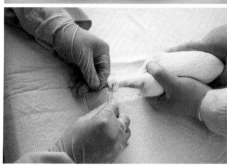

2）豚鼠静脉给药通常选用足背静脉血管。
3）除去足背静脉位置的被毛。
4）用镊子夹住医用酒精棉球消毒注射部位。

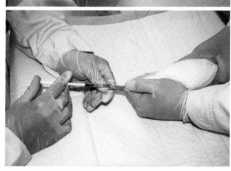

5）由助手固定豚鼠躯干及膝盖部位使动物后肢伸直。
6）操作人员固定豚鼠脚趾，助手按压其脚踝部使血管充盈。
7）入针后回抽见血后缓慢推入药液。
8）注射完毕后用干棉球压迫入针部位表皮止血。

4. 家兔耳缘静脉注射

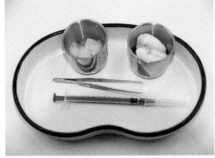

1) 器械准备：注射器、镊子、干棉球、医用酒精棉球、保定架。
2) 将家兔放入保定架内，露出头部。
3) 注射前，使用镊子夹住医用酒精棉球对注射区域进行消毒处理，整理被毛，暴露皮肤。

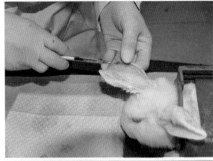

4) 按压静脉近心端使血管充盈。注射器平行进针，不可穿透血管。
5) 回抽注射器确认有回血，确定针头处于血管之中方可注射。
6) 注射时应缓慢，不可过急过快。

7) 注射完毕后，应用干棉球压迫注射部位止血，静脉注射成功后不应见到皮下组织有药液留滞。

5. 犬前肢静脉注射

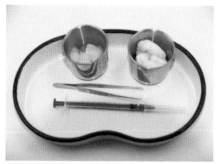

1) 器械准备：注射器、镊子、干棉球、医用酒精棉球。

2) 首选犬前肢静脉注射，由助手固定犬头部及前肢。
3) 助手按压前肢关节部位使血管充盈。
4) 操作人员消毒入针部位表皮并固定小腿，朝向心端入针。
5) 见有回血后缓慢将药液推入血管。
6) 注射完毕后用干棉球压迫注射部位表皮止血。

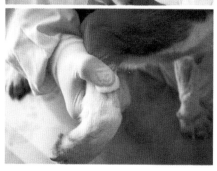

6. 猴静脉注射

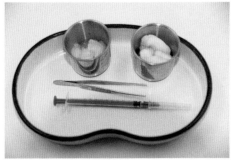

1) 器械准备：注射器、镊子、干棉球、医用酒精棉球。

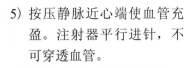

2) 将猴麻醉后侧卧放平，剃除给药区域被毛。
3) 静脉注射的部位一般选择猴四肢静脉血管较为粗大处。
4) 暴露静脉血管，使用医用酒精棉球对注射区域进行消毒处理。

5) 按压静脉近心端使血管充盈。注射器平行进针，不可穿透血管。
6) 回抽注射器确认有回血，确定针头处于血管之中方可注射。
7) 注射时应缓慢，不可过急过快。
8) 注射完毕后，应用干棉球压迫注射部位止血，静脉注射成功后不应见到皮下组织有药液留滞。

7. 猪静脉注射

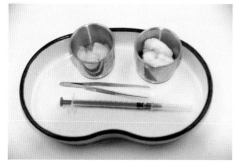

1）器械准备：注射器、镊子、干棉球、医用酒精棉球。

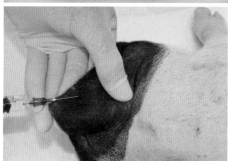

2）将猪麻醉后侧卧放平。
3）静脉注射的部位一般选择猪外耳血管较为粗大处。
4）暴露静脉血管，使用镊子夹住医用酒精棉球对血管周边区域进行消毒处理。
5）按压或结扎静脉近心端使血管充盈。注射器排尽空气后平行进针，不可穿透血管。
6）回抽注射器确认有回血，确定针头处于血管之中方可进行注射。

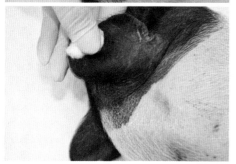

7）注射完毕后，应用干棉球压迫注射部位止血。

3.4.6 猴椎管内注射

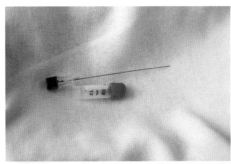

1) 器械准备：脑脊液穿刺针、冻存管。

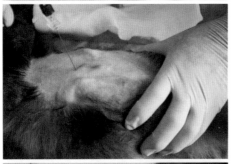

2) 猴椎管内最佳的给药部位是两髂连线中点稍下方第四腰椎间隙。
3) 在麻醉条件下俯卧或侧卧保定猴，从头后隆起到寰椎翼间除毛，消毒皮肤。

4) 垂直进针，边进针边抽出针芯，观察有无脑脊液流出。在穿过脊硬膜前可感觉到阻力，然后有落空感。
5) 抽出针芯，观察有无脑脊液流出。
6) 当有清亮的脑脊液回流到注射器内时即可进行注射。

3.4.7 小鼠关节腔内注射

1) 器械准备：注射器、镊子、干棉球、医用酒精棉球。
2) 将注射器套上针头并将针头拧紧，抽取实验所需给药量，排尽注射器内空气。

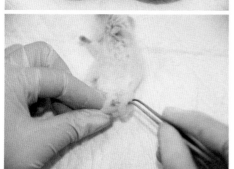

3) 将小鼠麻醉后仰卧保定，左手弯曲小鼠一侧后肢膝关节，充分暴露髌骨关节面。

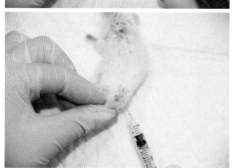

4) 将注射器针头在末端 2mm 处折叠 90°，以控制进针深度。沿膝关节弯曲的角平分线方向进针，将髌骨悬韧带拨向外侧，注入药液。

3.4.8 脑内注射

1) 器械准备：注射器、镊子、医用酒精棉球。
2) 将注射器套上针头并将针头拧紧，抽取实验所需给药量，排尽注射器内空气。

3) 给药部位为乳鼠两耳连线中点。
4) 左手将乳鼠头部固定，使用医用酒精棉球消毒给药部位，右手持注射器垂直刺入硬脑膜下，进针 2 ～ 3mm，注入药液。
5) 乳鼠给药后仍与母鼠一起饲养。为防止母鼠嗅到乳鼠身上的酒精气味而吃掉乳鼠，可先用鼠笼内垫料与乳鼠混合，再放入鼠笼内。

第四章　动物标本采集

4.1　血 液 采 集

4.1.1　大鼠、小鼠的采血方法

1. 颈静脉采血

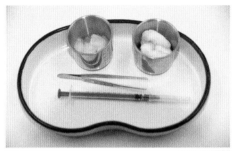

1）器械准备：注射器、镊子、医用酒精棉球、干棉球。

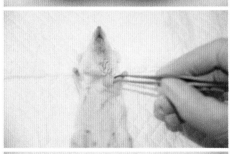

2）将小鼠麻醉后仰卧保定，胸前采血部位用医用酒精棉球消毒。

3）由胸前正中线锁骨水平处进针，之后使注射器与胸部表面呈 30°～40°，经胸大肌向颈静脉方向刺入。轻拉注射器针芯使之呈负压，待血液流入注射器内小心抽引注射器。

4）抽血完毕后用干棉球按压止血。

2. 心脏采血

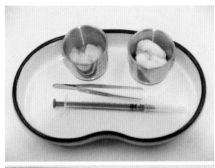

1) 器械准备：注射器、镊子、医用酒精棉球、干棉球。

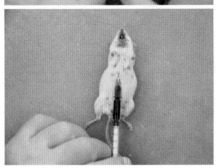

2) 小鼠麻醉后将其仰卧，用医用酒精棉球将剑突周围消毒，左手轻轻压住小鼠腹部，右手持 1mL 注射器，针尖斜面朝上，从剑突与左肋弓的交界处刺入，与腹部约呈 20°，一直向上插入，整根针头几乎全部进入体内后，稍抽针芯，给予一点负压，观察有无血液流入注射器，如果没有则保持负压稍稍向后退针，此时可见血液流入注射器。

3) 见血后保持注射器位置不动，向后抽针芯，保持针芯与血液平面相差大约 0.1mL，即有一定的负压。采血完毕用灭菌纱布或干棉球压迫止血。

3. 眼眶后静脉丛采血

1) 器械准备：干棉球、毛细玻璃管、收集管。

2) 操作人员用一只手的手掌经背部捉住小鼠，同时用拇指和食指捏住小鼠头颈部皮肤，利用对颈部所加的压力使眼眶静脉丛充血；另一只手持特制的毛细玻璃管，从鼻侧眼角处向眼后方刺入眼眶静脉丛。

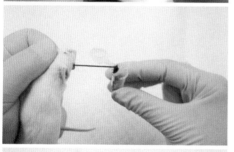

3) 血液自然流出，滴入事先准备好的收集管内，在得到实验所需血量后，除去加于颈部的压力，拔出毛细玻璃管，采血完毕用灭菌纱布或干棉球压迫止血。

4) 大鼠眼眶后静脉丛采血操作与小鼠一致。

4. 腹主动脉采血

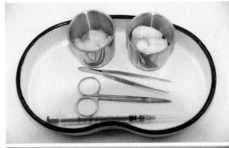

1) 器械准备：剪刀、镊子、注射器、医用酒精棉球、干棉球。

2) 小鼠麻醉后将其仰卧，用医用酒精棉球对腹部消毒，在耻骨联合处用镊子夹起肌膜和腹膜，用剪刀从耻骨联合至胸骨剑突沿腹正中线剪开肌膜和腹膜，将腹肌翻向左右两侧，将肠道推至一侧，暴露中间的血管（粉红色为动脉，暗红色为静脉）。

3) 用注射器针头沿血管平行方向朝向心端刺入血管，轻轻拉动注射器采取所需血量。

4) 大鼠腹主动脉采血操作与小鼠一致。

5. 尾尖采血

1) 器械准备：医用酒精棉球、干棉球、手术刀、收集管、镊子。

2) 由助手保定鼠，或将其放入固定器内。

3) 操作人员一只手抓住鼠尾，使左侧或右侧静脉向上，用镊子夹住医用酒精棉球擦拭消毒鼠尾至血管扩张，用灭菌纱布或干棉球擦干酒精。

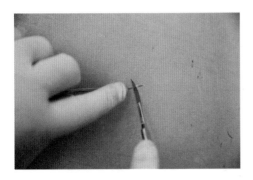

4) 用刀片或剪刀切断尾尖处静脉，轻轻自尾根部挤向尾尖部。

5) 将流出的血液滴入事先准备好的收集管内或试纸上，采血完毕后用灭菌纱布或干棉球压迫止血。

4.1.2 豚鼠、家兔的采血方法

1.家兔耳缘静脉采血

1）器械准备：注射器、镊子、医用酒精棉球、干棉球。

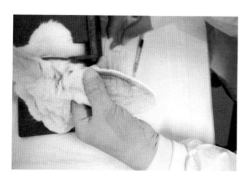

2）将家兔放入固定器内，露出头部。

3）注射前用镊子夹酒精棉球消毒皮肤。

4）按压静脉近心端使血管充盈。注射器平行进针，不可穿透血管。

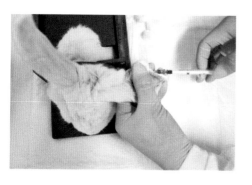

5）回抽注射器进行采血。

6）采血应缓慢进行，不可过急过快。

7）采血完毕后，应用干棉球压迫采血部位止血。

2. 家兔耳中央动脉采血

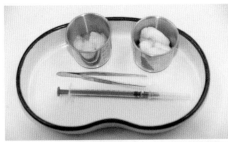

1) 器械准备：注射器、镊子、医用酒精棉球、干棉球。

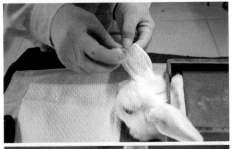

2) 将家兔放入固定器内，露出头部。采血时环境温度应尽量温暖，使外周血管充盈。

3) 采血前用镊子夹医用酒精棉球对采血区域进行消毒处理，整理被毛，暴露皮肤。

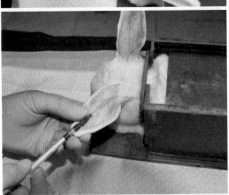

4) 按压动脉远心端使血管充盈。注射器平行进针，不可穿透血管。

5) 回抽注射器确认有回血，确定针头处于血管之中方可进行采血。

6) 采血时应缓慢操作，不可过急过快，避免针头贴附血管内壁造成堵塞。

7) 采血完毕后，应用干棉球压迫采血部位止血。

3. 豚鼠耳中央动脉采血

1）器械准备：毛细管、干棉球、手术刀。

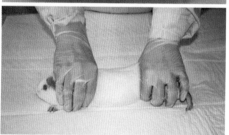

2）由助手固定豚鼠身体。

3）操作人员用镊子夹住医用酒精棉球消毒豚鼠耳中央动脉区域表皮。

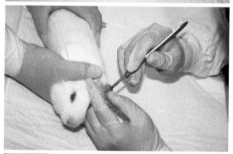

4）用手术刀轻轻划过表皮。

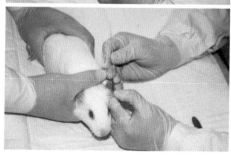

5）待血液溢出后，用毛细管吸取溢出血液。

6）吸取完毕后用干棉球压迫划破部位表皮止血。

4. 豚鼠心脏采血

1）器械准备：注射器、镊子、医用酒精棉球、干棉球。

2）由助手固定豚鼠头部及后肢，并向两端拉直身体。

3）除去豚鼠左侧第 4～6 肋间区部位的被毛。

4）操作人员用手触及心跳最明显的位置，并用医用酒精棉球消毒该区域。

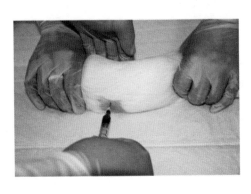

5）操作人员一只手持注射器，另一只手抵住豚鼠另一侧躯干。

6）见回血后继续抽取至所需血量，若未见回血则需要将注射器慢慢退出直至见到回血。

7）采集完毕后用干棉球压迫入针部位表皮止血。

5. 豚鼠颈动脉采血

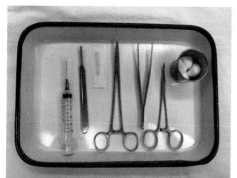

1）器械准备：手术刀、止血钳、镊子、注射器、医用酒精棉球、持针器。

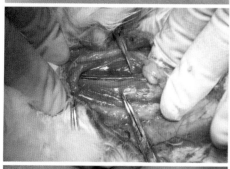

2）将豚鼠麻醉后仰卧保定。
3）对咽部皮肤进行脱毛，消毒皮肤。
4）沿气管切开体表皮肤，分离动物单侧颈动脉。
5）将针头插入颈动脉后采取动脉血。

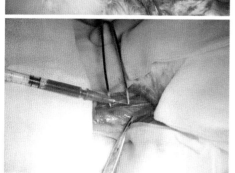

6）在进针点的两侧对单侧颈动脉进行结扎。或者进行长时间按压直至完全止血。
7）对皮肤进行缝合。

6. 豚鼠背跖静脉采血

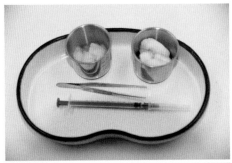

1) 器械准备：注射器、镊子、医用酒精棉球、干棉球。
2) 将豚鼠保定，选择足背进行操作。

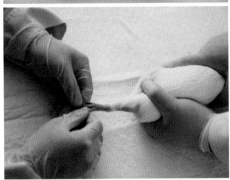

3) 采血前用镊子夹酒精棉球消毒皮肤。
4) 按压静脉近心端使血管充盈。注射器平行进针，不可穿透血管。

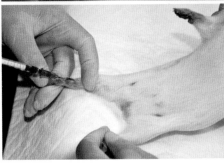

5) 回抽注射器进行采血。
6) 采血应缓慢进行，不可过急过快，以免血管壁堵塞针头。
7) 采血完毕后，应用干棉球压迫采血部位止血。

7. 家兔心脏穿刺采血

1) 器械准备：注射器、镊子、医用酒精棉球、干棉球。

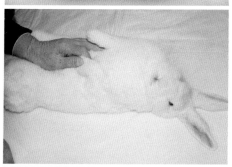

2) 将家兔麻醉后仰卧于手术台面上。根据家兔体型选择合适的注射器针头，保证长度可以刺穿心壁。

3) 向头侧牵拉家兔左前肢，使心区充分暴露，消毒皮肤。

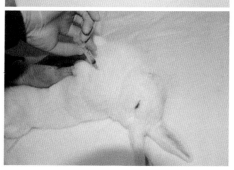

4) 在心脏搏动感最强烈部位的肋间垂直进针，不可左右晃动针管。

5) 针头触碰到心脏后可以感觉到针尖传来的强烈搏动，此时垂直进针刺穿心壁。

6) 看到回血后即可进行采血。

7) 采血完毕后，用干棉球压迫采血部位止血。

4.1.3 犬的采血方法

1. 犬前肢静脉采血

1) 器械准备：注射器、镊子、医用酒精棉球、干棉球。
2) 首选犬前肢静脉，由助手固定犬头部及前肢。
3) 助手按压前肢关节部位使血管充盈。

4) 操作人员消毒入针部位表皮，并固定前肢，朝向心端入针。
5) 回抽注射器若有回血继续回抽，若未见回血则需要调整入针角度。

6) 采集完毕后应用干棉球压迫入针部位表皮止血。

2. 犬颈静脉采血

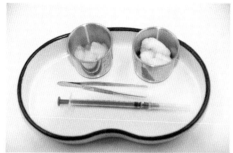

1) 器械准备：注射器、镊子、医用酒精棉球、干棉球。

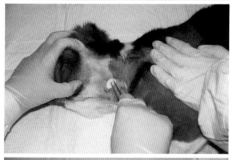

2) 将犬麻醉，除去颈部被毛。
3) 用手触及血管位置，并用镊子夹住医用酒精棉球消毒该区域。

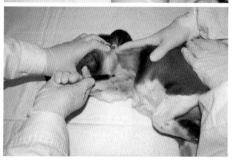

4) 持注射器朝向心端刺入，并回抽血液。
5) 采集完毕后用干棉球压迫入针部位表皮止血。

3. 犬股动脉采血

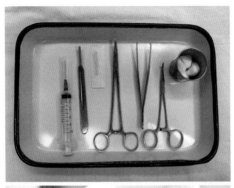

1）器械准备：手术刀、止血钳、镊子、注射器、医用酒精棉球、持针器。

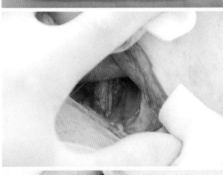

2）将犬麻醉后仰卧保定于手术台面。

3）对术部区域进行消毒后，沿腹股沟切开表层皮肤。

4）钝性分离皮下结缔组织，直至找到股动脉。

5）将注射器插入股动脉中进行采血。

6）在进针点的两侧对单侧股动脉进行结扎，或者进行长时间按压直至完全止血。

7）对皮肤进行缝合。

4.1.4 猴的静脉采血

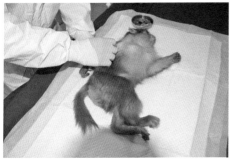

1) 器械准备：注射器、镊子、医用酒精棉球、干棉球。

2) 将猴麻醉后侧卧放平，剔除采血区域被毛。

3) 静脉采血的部位一般选择四肢静脉血管较为粗大处。

4) 暴露静脉血管，使用医用酒精棉球对血管周边区域进行消毒处理。

5) 按压或结扎静脉近心端使血管充盈。注射器平行进针，不可穿透血管。

6) 回抽注射器确认有回血，确定针头处于血管之中方可进行采血。

7) 采血时应缓慢，不可过急过快，避免针头贴附血管内壁造成堵塞。

8) 采血完毕后，应用干棉球压迫采血部位止血。

4.1.5　猪的耳静脉采血

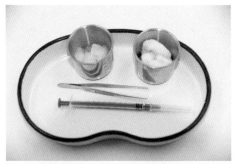

1) 器械准备：注射器、镊子、医用酒精棉球、干棉球。

2) 将猪麻醉后侧卧放平。
3) 静脉采血的部位一般选择外耳血管较为粗大处。
4) 暴露静脉血管，使用医用酒精棉球对血管周边区域进行消毒处理。

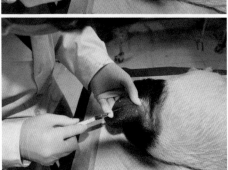

5) 按压或结扎静脉近心端使血管充盈。注射器平行进针，不可穿透血管。
6) 回抽注射器确认有回血，确定针头处于血管之中方可进行采血。
7) 采血时应缓慢，不可过急过快，避免针头贴附血管内壁造成堵塞。
8) 采血完毕后，应用医用干棉球压迫采血部位止血。

4.2　体　液　采　集

4.2.1　腹水的采集

1) 器械准备：注射器、镊子、医用酒精棉球、干棉球。
2) 选择腹部膨大明显的动物。

3) 将小鼠仰卧保定，腹部进针部位用医用酒精棉球消毒。

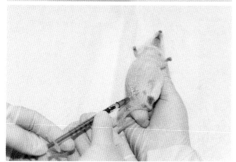

4) 穿刺部位为腹股沟与腹中线之间。用注射器刺入腹腔，切勿刺入过深，以免刺伤内脏。腹水多时可因腹压高而自动流出。如腹水太少，可轻轻回抽。
5) 抽腹水时注意不可速度太快，腹水多时不要一次大量抽出，以免因腹压突然下降导致小鼠出现功能障碍。

4.2.2 尿液的采集

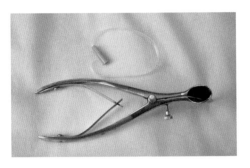

1) 将动物麻醉后，使其平躺于操作台面上。
2) 选择型号合适的导尿管，用液体石蜡润滑后，插入动物的尿道口中。

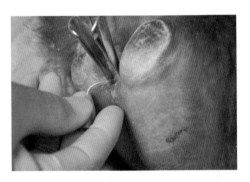

3) 顺势将导尿管导入动物膀胱，操作过程中应注意手法柔和，防止对动物造成损伤。

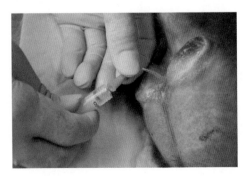

4) 导尿管插入动物膀胱后，即可采取尿液。

4.2.3 精液的采集

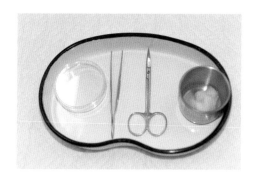

1) 器械准备：眼科剪、眼科镊、培养皿、医用酒精棉球。

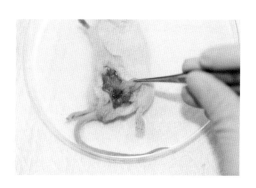

2) 将小鼠脱颈椎处死并使其仰卧，剪开腹壁暴露生殖系统，将睾丸及附睾取下，放置于培养皿中。

3) 用眼科剪去除睾丸及附睾周围系膜及脂肪，分离出附睾。

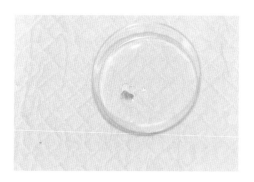

4) 在培养皿上滴入 1mL 培养液，将附睾浸在液体中剪成几段并轻轻挤压，去掉组织块，将液体吸至收集管中。

4.2.4　脑脊液的采集

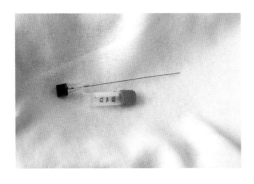

1) 器械准备：脑脊液穿刺针、收集管。
2) 猴脑脊液采取的最佳部位是两髂连线中点稍下方第四腰椎间隙。
3) 在麻醉条件下俯卧或侧卧保定，除毛，消毒皮肤。将术区暴露于桌台的一端，使头部向腹侧弯曲。
4) 垂直进针，边进针边回抽注射器，观察有无脑脊液流出。在穿过脊硬膜前可感觉到阻力，应随时拔出针芯观察，以防针尖损伤脊髓。

5) 如果针尖抵到骨上则应调整进针方向。当吸出的不是脑脊液而是血液时，则由刺破脊椎静脉丛的血管分支所致，这时应更换新的穿刺针。
6) 当穿刺针流出脑脊液后，应立即收集脑脊液。

4.2.5　胃液的采集

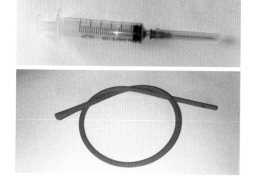

1) 器械准备：胃管、注射器。

2) 将家兔麻醉后侧卧或仰卧放平。

3) 胃管头部使用生理盐水或液体石蜡润滑后再进行操作。

4) 打开家兔口腔，顺势将胃管插入食道，如经过会厌软骨过程中出现干呕、咳嗽等异常状况应立刻停止操作。

5) 胃管插入食道后，连接注射器回抽，应感觉到食道壁贴在胃管头部，回抽困难。如回抽顺畅则表示可能插入气管当中，应立刻停止操作。

6) 继续插入胃管到达胃部，此时回抽注射器可感觉较为顺畅，可抽出胃液。

4.2.6　胸水的采集

1) 器械准备：注射器、镊子、医用酒精棉球、干棉球。

2) 将小鼠仰卧保定，胸前进针部位用镊子夹住医用酒精棉球消毒。

3) 由肋间刺入注射器，穿刺肋间肌时有一定阻力，当阻力消失、针有落空感时，表示已刺入胸腔，即可抽取胸水。

4) 穿刺时应尽量避免损伤肋间血管和神经。操作中严防空气进入胸腔，始终保持胸腔负压。穿刺应用手控制针头的深度，以防穿刺过深刺伤肺脏。

4.2.7　乳汁的采集

1）选择经产、仔鼠生长良好的母鼠。

2）将产仔后 2～3 天的母鼠单手保定，另一只手按摩其乳房并向乳头方向挤出乳汁即可。

4.3 骨髓采集

4.3.1 小鼠骨髓采集

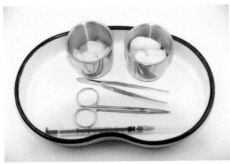

1) 器械准备：眼科镊、眼科剪、注射器、医用酒精棉球、干棉球。

2) 脱颈椎处死小鼠，剥离出股骨，将股骨两端剪断。

3) 用注射器吸取少量生理盐水，注射器针头稍插入骨髓腔内，冲洗出胸骨或股骨中骨髓液，用收集管收集。

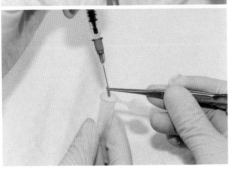

4) 也可选择胸骨采集骨髓，可将胸骨剪断，将其断面的骨髓挤在有生理盐水的玻片上，混匀后涂片晾干即可染色检查。

4.3.2 猴骨髓采集

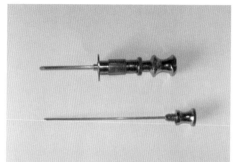

1）器械准备：骨髓穿刺针、
   收集管。

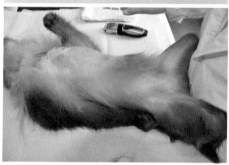

2）将猴麻醉、固定、局部除
   毛、消毒皮肤。

3）穿刺部位是胸骨体与胸骨
   柄连接处。

4）操作人员估计好皮肤到骨
   髓的距离，把骨髓穿刺针
   的长度固定好。

5）用一只手把穿刺点周围的
   皮肤绷紧，另一只手将穿
   刺针在穿刺点垂直刺入。

6）穿入固定后，轻轻左右旋
   转将穿刺针钻入，当穿刺
   针进入骨髓腔时常有落空
   感，此时进行骨髓采集。

4.3.3 小型猪骨髓采集

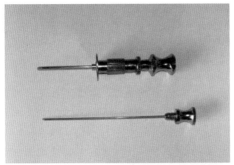

1) 器械准备：骨髓穿刺针、收集管。

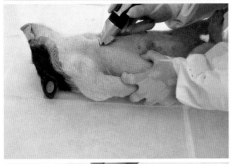

2) 将小型猪麻醉、固定、局部除毛、消毒皮肤。
3) 穿刺部位是胸骨体与胸骨柄连接处。
4) 操作人员估计好皮肤到骨髓的距离，把骨髓穿刺针的长度固定好。

5) 用一只手把穿刺点周围的皮肤绷紧，另一只手将穿刺针在穿刺点垂直刺入。
6) 穿入固定后，轻轻左右旋转将穿刺针钻入，当穿刺针进入骨髓腔时常有落空感，此时进行骨髓采集。术后对动物进行护理。

第五章 动物影像学检查

5.1 小动物 CT 扫描

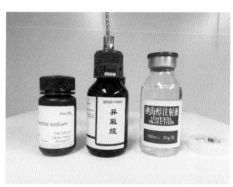

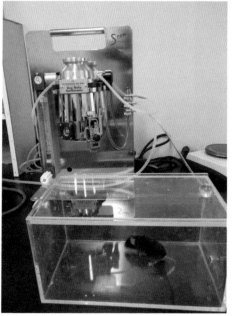

（1）麻醉药剂准备

常用的麻醉药剂包括注射麻醉药（三溴乙醇、水合氯醛等）和吸入麻醉药（异氟烷、七氟烷等）。气体麻醉方式效果要优于腹腔注射麻醉。当采集时间较长时应该使用呼吸麻醉方式。

（2）小动物气体麻醉

实验小动物置于麻醉盒中，调整麻醉机医用氧气流速为 1L/min，异氟烷气体浓度为 1%～2%，诱导小动物至深度麻醉状态。

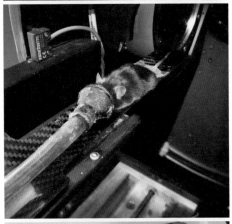

(3) 小动物摆位

　　将小动物置于传动系统传至扫描位置。为防止因各种原因抽搐导致动物移动而产生运动伪影，通常会将小动物固定在动物载床上面，通过立体框架结构固定或缠绕固定，小动物摆放呈俯卧姿，使头正中矢状面与身体长轴平行，身体中轴线与床板中轴重合。

　　当需要对活体动物某一特定部分进行高分辨率成像时，应将待扫描部位摆放至床板正中，采用激光定位装置进行轴向、水平位置的精确定位。

　　防护罩盖严，准备进行CT扫描。

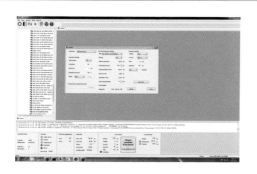

(4)CT 扫描参数的设定

根据采集位置、密度等设定不同的球管电压、球管电流、曝光时间等参数。如加呼吸门控放置于动物胸腔下方，有创心电电极固定于动物四肢皮下，调整位置获得稳定的心电信号。

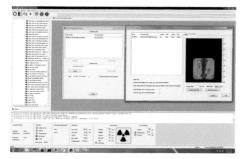

(5)CT 图像采集

首先进行预扫描，确定待扫描区域。

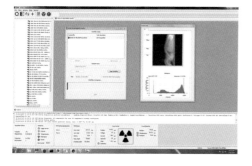

采集 CT 图像。

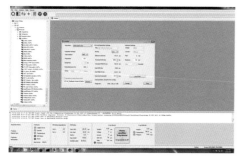

选择不同条件重建图像并进行图像分析。

5.2　活体光学成像

（1）检查设备

仪器主要包括小动物超声系统、麻醉机等，检查仪器设备，必须使其处于正常运转状态，以保证实验顺利进行。

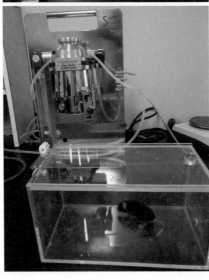

（2）动物麻醉

光学成像可选用注射麻醉药剂和气体麻醉，注射可用三溴乙醇、戊巴比妥钠进行腹腔注射。

气体麻醉可采用异氟烷吸入性麻醉药剂，麻醉诱导和复苏均较快。大小鼠一般使用浓度为2%的异氟烷与氧气混合使用。

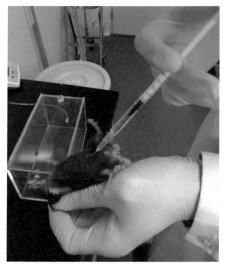

（3）注射底物

如果进行生物发光成像，需在麻醉后注射荧光素底物。动物腹腔注射荧光素，最佳开始检测的时间是注射后 10min。荧光素的最适用量是 150mg/kg，即体重 20g 的小鼠需要 3mg 的荧光素。

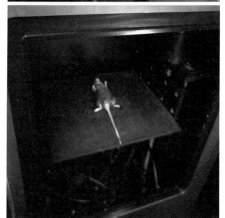

（4）摆放小动物

荧光成像中可将小动物麻醉后直接摆放至设备的动物平台上，注射荧光素小动物注射底物后 10min 摆放，将待检测部位朝向上方 [电荷耦合器件图像传感器（charge coupled device，CCD）方向]，一般采取仰卧位。

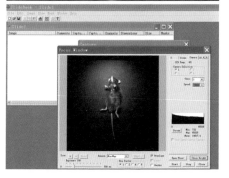

（5）检查位置与 CCD 温度

关闭暗箱门，打开明场灯，以确定小动物位置是否在视野内，可在视野内并排摆放多只小动物，确定 CCD 温度降至 $-70℃$。

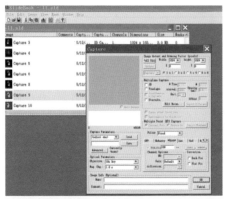

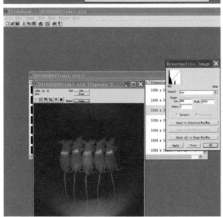

(6) 设置采集条件

根据实验要求选择相应的滤光片组，生物发光成像只需设置发射光滤光片和采集时间，一般为 10 ～ 20min，荧光成像则根据荧光物质种类选择相应激发光和发射光滤光片，采集时间一般为 200 ～ 800ms。

(7) 图像处理

曝光结束后获得图像，进行明场图像和荧光图像融合，调整窗宽、窗位优化显示效果，并进行发光区域定量分析。

5.3　小动物超声成像

(1) 设备检查

仪器主要包括小动物超声系统、相应超声探头、呼吸麻醉机等，检查仪器设备，必须使其处于正常运转状态，以保证实验顺利进行。

（2）物品准备

需要准备的物品包括麻醉药剂、超声耦合剂、脱毛药剂、棉签、胶布。

（3）小动物麻醉

麻醉采用异氟烷吸入麻醉剂，大小鼠一般使用浓度为 2% 的异氟烷与氧气混合使用，30s 就可进入麻醉状态，可根据呼吸或心率调节麻醉药剂的浓度。在保证实验小动物安全的情况下，尽量使小动物进入深度麻醉，小鼠的心率应控制在 300 ～ 400 次 /min，呼吸平稳。

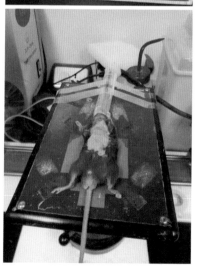

（4）实验小动物脱毛

脱毛：选择脱毛效果较好的人用脱毛药剂即可，用棉棒蘸取适量脱毛药剂均匀涂布在脱毛部位，需完全覆盖脱毛部位，且浸润至表皮。静置 1 ～ 2min 后，用棉棒轻轻擦拭被毛，后用纸巾擦拭干净。

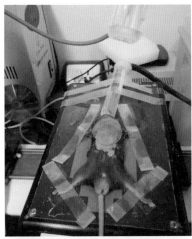

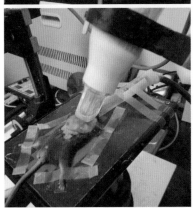

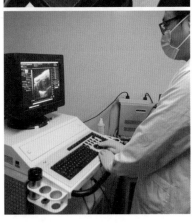

（5）耦合剂涂放

固定：将导电胶涂抹于4个金属电极上，用胶布将小鼠的4只爪子固定于电极上，呈仰卧位，头部向前。

体温监测：将导电胶涂抹于体温电极上，插入小鼠直肠，避开粪便，贴住直肠壁，再用胶布贴住固定（体温应控制在36℃以上）。

耦合剂的使用：将超声耦合剂均匀涂抹于脱好毛的检测部位，厚度约5mm，其中不可产生气泡。

（6）探头置放

根据扫描部位选择合适的探头，将探头导线连接于主机，使探头边缘的标记线对准探头夹前部的沟槽，于探头上1/3处夹紧固定。将探头降至耦合剂表面与其接触。

（7）采集图像

实验小动物准备就绪，探头选定后，打开软件，将探头初始化，即可开始图像采集。操作时调整扫描角度，选定扫描切面后，可进行空间位置上的微调，寻找最佳图像并采集。操作过程中同时观察动物生理指标，尽量缩短扫描时间。

5.4 核磁共振成像

（1）设备检查

仪器主要包括小动物核磁共振成像（magnetic resonance imaging，MRI）系统、相应 MRI 采集线圈、生理监护系统、呼吸麻醉机等，检查仪器设备，必须使其处于正常运转状态，以保证实验顺利进行。

（2）小动物气体麻醉

麻醉采用异氟烷吸入性麻醉药剂，大小鼠一般使用 2% 的异氟烷与氧气混合使用，30s 就可进入麻醉状态，可根据呼吸或心率调节麻醉剂浓度。在保证实验小动物安全的情况下，尽量使动物进入深度麻醉，小鼠的心率应控制在 300 ~ 400 次 /min，呼吸平稳。

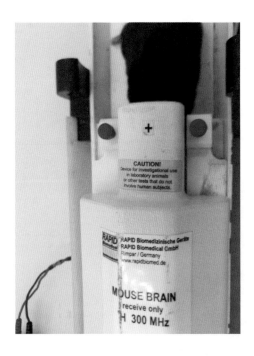

(3) 连接生理监护

在整个 MRI 扫描过程中，小动物的生命活动、生理状态需要持续监测，包括呼吸、心电、体温等。需要根据呼吸频率、心率调整麻醉气体流量，使动物保持在一个相对稳定的麻醉状态。同时在采集心脏或腹部器官时，为了减少呼吸运动、心脏跳动等产生伪影，需要利用心电和呼吸信号作为门控进行采集触发。为防止小动物麻醉后体温过低导致小动物死亡，使用热风等方法维持小动物体温。

(4) 线圈选择与小动物摆位

根据小动物大小选择合适的动物载床，先将小动物载床置于扫描架并固定好，然后传至扫描位置。将小动物固定在动物载床之上，通常采用立体框架结构固定或缠绕固定，动物摆放呈俯卧姿，使头正中矢状面与身体长轴平行，身体中轴线与床板中轴重合。将扫描部位放置于磁场中心位置。

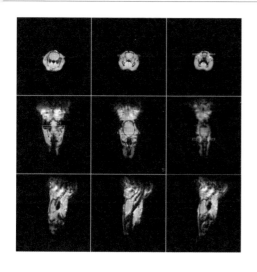

（5）预扫描选择图像采集区域

扫描横轴面、冠状面和矢状面定位像，这三个标准面中的任何一个均以其他两个面的定位像为参考来设定具体扫描平面。横断面（轴位）扫描是以冠状面和矢状面定位像为参考来设定具体扫描平面。通常情况下，需要使视场角（field of view，FOV）覆盖整个待扫描部位，但当有特殊需要时，可缩小、放大FOV，或以目标部位为FOV中心进行扫描。

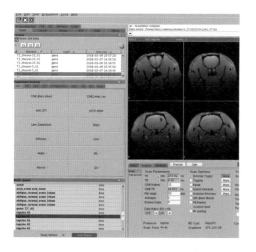

（6）序列选择与参数设置

首先根据扫描部位选择合适的线圈（头线圈、心脏线圈或体线圈等），然后根据实验需求确定扫描序列，并决定重复时间（TR）、回波时间（TE）、扫描层数、层厚、层间距、FOV大小、扫描矩阵等参数。扫描前要对扫描对象先行扫描定位像，并将扫描部位调整到磁场及FOV中心，以求得到最佳信噪比，并保证磁场均匀性，同时进行脉冲校正、匀场（shimming）等操作，从而最优化图像质量。确定所有条件后开始扫描。

5.5　小动物正电子发射型计算机断层显像

（1）麻醉剂准备

　　常用的麻醉药剂包括注射麻醉药（三溴乙醇）和呼吸麻醉药（异氟烷、七氟烷等），PET扫描前根据情况合理选择麻醉药剂的种类和剂量，以保证扫描顺利进行。气体麻醉方式效果要优于腹腔注射麻醉。当采集时间较长时，应该使用呼吸麻醉方式。

（2）小动物气体麻醉

　　实验小动物置于麻醉盒中，采用通入异氟烷方式麻醉动物，大、小鼠一般采用2%异氟烷与氧气混合使用，30s即可进入麻醉状态，可根据呼吸和心率调节麻醉剂的浓度。

（3）同位素药物尾静脉注射

　　小动物称重后在放射防护屏障下注射不同的同位素药物，各种核素药物被摄取时间不同，因此需要等待的时间不同，以氟代脱氧葡萄糖为例需等待60min。

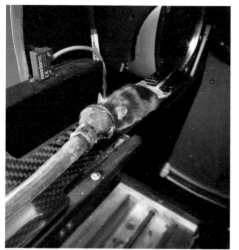

（4）小动物摆位

　　将小动物置于传动系统传至扫描位置。为防止小动物移动从而产生运动伪影，通常会将小动物固定在动物载床上，通过立体框架结构固定或缠绕固定，小动物摆放呈俯卧姿，使头正中矢状面与身体长轴平行，身体中轴线与床板中轴重合。

　　防护罩盖严，准备进行PET扫描。

（5）PET扫描参数设定

　　根据注射的同位素药物选择待扫描的正电子核素并设定PET的采集时间。设定PET扫描的球管电压、球管电流、曝光时间等一系列参数。

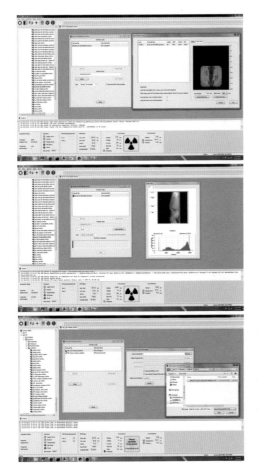

(6) PET 图像采集

首先进行预扫描，确定待扫描的区域。

然后采集不同时间的 PET 数据，以生成衰减校正数据并提供解剖定位。采集完成，取下小动物。

(7) 图像重建与分析

采用滤波投影等算法重建 PET 图像，对 PET 图像进行定量分析。

第六章 动物安死术

6.1 安死术标准

实验动物的安乐死是指在不影响动物实验结果的前提下，用公众认可的人道的方法处死动物的技术，使实验动物短时间内在没有惊恐和痛苦的状态下死亡。不会有由刺激产生的肉体疼痛及由刺激引起的精神上的痛苦、恐怖、不安及抑郁，避免造成其他动物的恐惧感。

安乐死技术（即安死术）应在动物失去知觉前最大限度地减少动物的痛苦和焦虑。如无法以其他方式解除动物的疼痛（pain）或窘迫（distress），除非安乐死确实影响实验结果，否则应在动物垂死、死后组织自溶或死后被笼内其他同类相食前实施安乐死。

一般而言选择安乐死的考虑因素如下。

1）出现无法有效控制的疼痛；过度的肿瘤增长或腹水产生。

2）持续性的倦怠，不清理皮毛（皮毛粗糙无光泽）。

3）食物及水分摄取量下降，尿液及粪便量减少。

4）对人类触碰的物理性反应异常（退缩、跛行、异常攻击性、尖叫、夹紧腹部、脉搏和呼吸次数上升）。

5）体重下降（20% ～ 25%），生长期动物未增重。

6）脱水，四肢无法行走。

7）体温异常（过高或过低）。

8）脉搏和呼吸异常（过高或过低）。

9）磨牙（常见于家兔及大型农场动物）、流汗（马）；持续性的自残行为，自我伤害疼痛部位。

10）疼痛部位的炎症反应。

11）恶病质（严重贫血、黄疸），异常的中枢神经反应（抽搐、颤抖、瘫痪、歪头等）。

12）因实验因素无法治疗的长期下痢和呕吐，惧光，明显的功能损伤，动物出现长期窘迫时的行为及生理现象等。

6.2　安死术的常用方法

6.2.1　颈椎脱臼

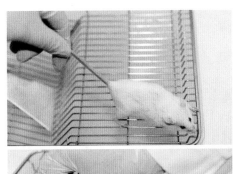

1) 将小鼠放在操作台或饲养盒盖上。

2) 操作人员一只手抓住鼠尾根部，另一只手的拇指和食指迅速用力往下按住其头部。

3) 两手同时用力使之颈椎脱臼，造成脊髓与延髓断离，小鼠立即死亡。

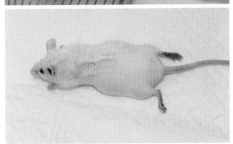

4) 检查小鼠呼吸、心跳是否停止，确认动物死亡。

6.2.2 麻醉后放血

1) 往小鼠腹腔或静脉注射适量的全身麻醉药剂（戊巴比妥钠或三溴乙醇）。

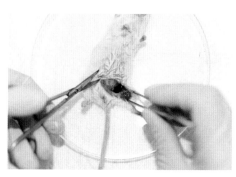

2) 待小鼠进入麻醉状态后，用手术刀或剪刀切断其颈动脉或股动脉。

3) 检查呼吸、心跳是否停止，确认动物死亡。

6.2.3　二氧化碳吸入

1) 将动物放入动物 CO_2 多功能麻醉机内。
2) 选择"小白鼠安乐死程序""大白鼠安乐死程序"或"用户自定义程序"，打开 CO_2 钢瓶阀门。

3) 待机器停止后，关闭 CO_2 钢瓶阀门。

4) 检查动物呼吸、心跳是否停止，确认动物死亡。

6.2.4　过量麻醉

1) 使用小鼠吸入麻醉机，使动物吸入过量麻醉剂。一般选择异氟烷。

2) 检查小鼠呼吸、心跳是否停止，确认死亡。

第七章 动物病理剖检与取材

7.1 动物病理剖检与脏器的
采集固定

7.1.1 剖检和脏器采集程序

常规剖检：观察动物的外观、天然孔道，然后按照表浅淋巴结—腹腔内脏器—生殖系统各脏器—胸腔内脏器—唾液腺—甲状腺（甲状旁腺）—脑—垂体—坐骨神经和肌肉的顺序观察与采集脏器。如有需要，可采集其他脏器如眼球、哈氏腺、脊髓、皮肤、股骨等。

特殊观察：如果大体解剖发现病变，需要对病变进行详细描述，记录病变的部位、形状、大小、颜色、质地、与周围组织的关系等信息，必要时进行拍照或摄像。病变如果和周围组织连接，应连同部分周围组织一同取出固定。

7.1.2 脏器采集和固定的基本要求

分离脏器时，应避免外力和器械挤压组织造成人工损伤。将取下的组织及时固定于 10% 中性福尔马林固定液中，固定瓶瓶口要宽敞，避免挤压组织；固定液体积为组织体积的 4 倍以上，并和组织充分接触；大的组织脏器需要切开使其充分固定；24h 内更换固定液一次。固定容器需密闭。10% 中性福尔马林对多种组织有较好的固定能力，如果有特殊要求，也可采用其他固定液。例如，胰腺、睾丸可选用 Bouin 液，眼球可选用戊二醛 - 福尔马林固定液，需显示糖原时可选用 Carnoy 液。

7.1.3 病理剖检和脏器采集的基本操作

1. 解剖准备

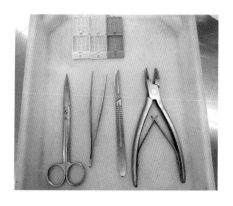

1) 器械准备：剪刀、骨钳、组织镊、刀片、手术刀柄、3个包埋盒（分别标记为①、②、③，分别预留给解剖过程中取下的体积较小或需要标记的不同脏器）、生理盐水、标本固定容器、固定液。
2) 确认标本固定容器及固定液。
3) 大体解剖原始记录表、脏器重量记录表、标签纸、照相机、垃圾袋、铅笔、签字笔。
4) 核对实验编号和动物数量、编号、性别、组别。

2. 动物的一般状况观察

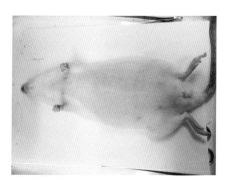

1) 对天然孔及可视黏膜（眼、鼻、口、耳、肛门、生殖器）进行观察，如有无分泌物、排泄物、渗出物、黏膜出血、溃疡及生殖器形态是否有异常。
2) 观察有无被毛污染、少毛、脱毛。
3) 观察有无皮肤出血、外伤、结痂。
4) 观察有无肢体肿胀、肿瘤、骨折。

3. 皮下检查

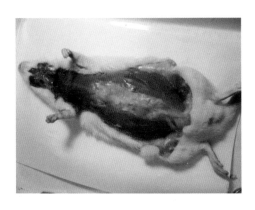

1) 动物以仰卧姿放平，沿正中线剪开皮肤。如果解剖的前一步为腹主动脉采血，则从剑突位置剪至下颌，然后向左右两侧剥离皮肤。
2) 观察有无水肿、出血等。
3) 观察皮下有无肿瘤，浅表淋巴结有无肿大。如实验要求对浅表淋巴结进行取材，则将其取下后放入事先标记好的包埋盒内再固定。

4. 腹腔检查

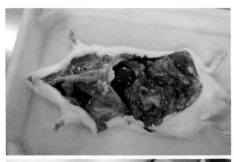

1) 观察腹膜、腹腔内脏器位置、膈肌及有无腹水。

2) 肝、胆囊观察：剪断肝镰状韧带，取出肝，观察各叶横膈及侧面，称重后切开数个切面，观察切面。同时观察包膜、有无膨隆等。剪开胆囊观察黏膜和胆汁（大鼠无胆囊）。

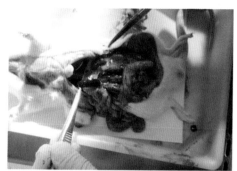

3) 脾观察：剪开胃、肾韧带，取出脾观察大小、包膜是否紧张。

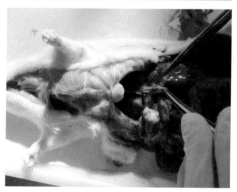

4) 肾上腺及肾观察：剥离取出双侧肾上腺，将左右肾上腺分别放入事先标记好的包埋盒内再固定。观察输尿管有无扩张。剥离肾周围脂肪组织，分别取出双侧肾，观察色泽、大小。左肾纵切，右肾横切，观察肾皮质、髓质。

5) 膀胱及生殖系统检查。

a 雄性动物将膀胱、前列腺、精囊一同取出后分离。

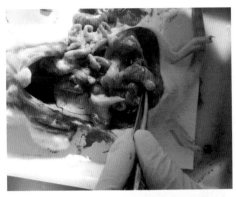

b 摘取双侧睾丸、附睾，观察有无异常。

c 雌性动物先取膀胱，再在阴道末端剪断，将阴道连同子宫颈、子宫体、两侧卵巢及输卵管一同取出。剥离多余脂肪，分离子宫和卵巢，观察有无异常。将左右卵巢及输卵管、阴道分别放入事先标记好的包埋盒内再固定。

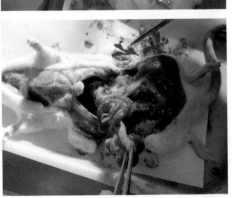

6) 胰腺及胃肠道观察：分别剪断食道下段与直肠末端，将胰腺、胃肠道（包括回肠末端 Peyer's 结）及肠系膜（包括肠系膜淋巴结）从腹腔内取出，观察胃肠道浆膜面及黏膜面有无异常。

5. 胸腔检查

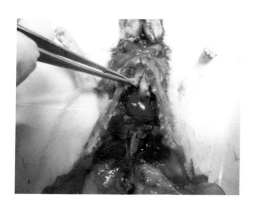

1）用组织镊提起剑突，沿左右两侧肋软骨结合处向上剪断至胸锁关节，观察胸膜、胸腺、肺及胸水，如有异常内容物要观察量、色等性状。取胸骨横切，观察骨髓颜色并取出。

2）剥离胸腺并取出。

3）观察心包色泽、光滑度及心包积水量、色、性状。

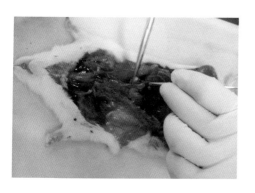

4）在气管分支部位上方切断气管，观察肺门淋巴结。取出胸主动脉、食管、肺及心脏，分别分离胸主动脉和食管。切断心脏顶端动静脉起始部，将心脏和肺分离。

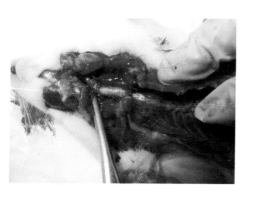

5）剪断颈部胸骨舌骨肌及胸骨甲状腺肌暴露气管，将气管、食管、甲状腺（含甲状旁腺）一起取出。

6. 头部检查

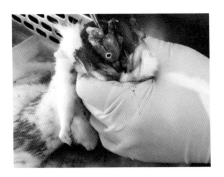

　　将头部皮肤剥离，然后切断头后颈部肌肉，在第一颈椎关节处切断脊髓。用剪刀或骨钳除去头盖骨，将大脑、小脑、脑干一起取出。垂体放入事先标记好的包埋盒内再固定。

7. 坐骨神经检查

　　剥离后肢皮肤，连同周围肌肉取出坐骨神经。

7.2　病理检测送检单要求

病理检测送检单（正面）

病理编号：

动物品系	
动物年龄	
动物级别	
受试物名称/代号及给药方式	
受试物作用时间	
标本固定日期	
固定液类型	
标本分组情况	
所取脏器	
实验动物临床表现	
实验室检查有无异常	
动物处死方法（请详细注明）	
制片及观察特殊要求	
备　注	

送检单位：

联系人：

联系方式：

送检日期：

1) 一般要求：填写动物品系、年龄、级别、受试物名称/代号及给药方式、受试物作用时间、标本固定日期、固定液类型、标本组别、每组标本数量和动物编号、送检脏器和组织、动物临床表现和实验室检查有无异常、动物处死方法、制片和病变观察的特殊要求、送检单位、联系人和联系方式、送检时间等内容。

病理检测送检单（背面）

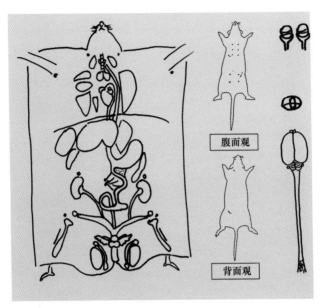

解剖示意图（大小鼠）

2) 如果肉眼观察发现病变，需在送检单背面解剖示意图中标明病变部位，并描述病变形状、大小、颜色、质地、与周围组织的关系等信息。

病变描述：

第八章　动物质量监测

8.1　实验动物质量监测的目的

实验动物是一类特殊的科学试剂，其质量对于科学研究具有重要意义。科学家希望对这类活的试剂有较为一致的质量标准，动物之间的个体差异不能太大；动物的质量要满足科学研究的需要。

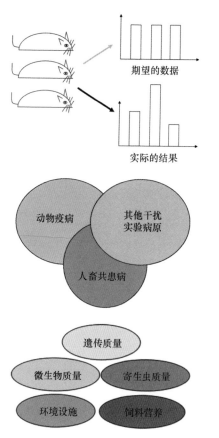

（1）动物质量的一致性对实验数据的影响

很多实验我们期望从动物得到的数据具有一致性，但是如果实验动物本身质量存在差异，实验数据的本底值就会千差万别。

（2）实验动物携带病原的危害

实验动物重要的特点是它是病原微生物的培养基。需要排除的病原包括：危害动物生命健康的病原；人兽共患病病原，或是对人类存在较高致病性的病原；对动物和实验人员的健康影响不大，但是会对实验数据产生干扰的病原。

（3）质量监测的内容包括动物的遗传质量，动物自身微生物与寄生虫的背景，以及其营养的控制和居住环境的控制。

8.2　实验动物饲养单元微生物质控管理

一般的实验动物饲养单元需要做好日常监测管理，并接受实验动物医师的指导。下面所列为一个简单的模式表格，可作为实验动物饲养单元微生物管理的参考。

实验动物饲养单元微生物质控管理表

单元名称			
负责人		实验动物医师	
授权管理人员			
设施类型		生物安全级别	
环境参数	标准范围	实际数值	偏离措施
压力梯度			
温度 / 湿度 / 照度			
人员进出记录	（需经培训及健康体检等）		
物品进出记录	（需对生物材料进行控制，兽医授权）		
排除病原			
微生物监控计划			
近期出现的病原及处理措施			

如动物设施在内部又分出多个单元，这些单元存在动物种类、使用目的、排除病原级别、设施类别等差异，不应将此种存在多个单元的设施作为一个单元进行微生物质控。

设施类型为隔离设施、屏障设施或是具有独立通风系统的独立通气笼（individual ventilated cage, IVC）等；生物安全级别为病原微生物等级。

从外界进入实验动物饲养单元的人员、动物、实验材料及消耗材料的微生物状态均需控制。人员经过培训，掌握正确隔离措施和手段，隔离装备质量合格，管理者需对人员、物品的进入做授权管理。

排除病原的种类：在我国，对啮齿类大鼠和小鼠制定了相应的国家标准。此标准为推荐性标准，根据各个设施的特点，各个设施可设定自己的排除病原名录。

8.3　实验动物微生物监测计划

对于实验动物的微生物质量监测，其计划设计及结果分析均需要进行相应的评估。

实验动物饲养单元微生物质量检测程序计划表		
单元名称		
设施类型	实验动物医师	
动物的免疫状态		
排除病原历史		
检出病原历史		
病毒（V）		
细菌（B）		
寄生虫（P）		
检测频度		
是否使用哨兵动物		
动物异常表现		

不同品系动物对病原的易感性不同，特别是基因工程动物及一些免疫缺陷动物。对于免疫缺陷动物，需要使用相应级别的动物作为哨兵动物监测病原微生物。

排除病原历史和检出病原历史，对于一个实验动物饲养单元具有重要意义。如果在此单元中从来没有检测过金黄色葡萄球菌，那么此病原在该设施是不受控制的。是否需要检测某一病原需要根据动物种类、实验需要等进行确定。

对于检出率高的病原，应适当增加检测频度及抽样数量，以提高抽样检测的可信水平。而检出率低的病原，或是历史上未曾检出过，并且在该地区也未检出的病原，可适当降低检测频率。

当动物罹患疾病时，检测人员应结合实验动物医师的诊断，对动物的微生物质量进行较为系统的检测。除常规采样部位外，还应采集疾病部位的组织样品及血液样品等。

8.4　实验动物的常规周期性监测与动物异常检测

实验动物进行常规周期性监测，其目的是对动物感染风险进行识别，因为有一些病原的潜伏感染并不会引起明显的外观改变，但通过病原学和血清学等方法可以识别这些潜伏的感染病原。在将动物送至检测实验室进行检测时，需要与实验动物医师确定以下事项，与检测实验室进行有效沟通。

实验动物常规检测信息表

动物的种类	小鼠（　）	大鼠（　）
动物品系		
动物免疫状态	免疫功能正常（　）	免疫功能缺陷（　）
微生物级别		
既往检出史		
哨兵动物	是（　）	否（　）
哨兵动物品系	相同品系（　）	其他品系_____
动物年龄		
动物性别		
动物毛色		

免疫缺陷动物，特别是体液免疫缺陷动物，无法使用血清学方法检测病原感染产生抗体，因此需要确定动物免疫状态，以选择相应的检测技术。

微生物和寄生虫的等级参考国家标准，有特殊需要时，需标注。

如该单元既往有检出病原，实验动物医师应制定特别的监测计划，如增加抽样数量和抽样频率等。

免疫缺陷动物可使用其他品系动物作为哨兵动物进行微生物监测，但应选择对特定病原敏感的品系，需要时可用不同品系监控设施的微生物状态。

动物年龄过小，免疫应答不全可能会造成漏检。

当动物出现异常时，需要由实验动物医师检查可能的原因，需要时按照实验动物医师的要求进行检测。可参照下表做外观检查。

异常啮齿类实验动物检查表	
基本信息	动物品系 ＿＿＿＿＿＿＿＿＿ 动物性别 ＿＿＿＿＿＿＿＿＿ 动物年龄 ＿＿＿＿＿＿＿＿＿
初步印象	如 5，DH13，RG7，T9，T10。
病变异常类型	1 动物发育缓慢，动物活动异常；2 行动震颤；3 四肢贴地；4 弓背；5 被毛凌乱；6 毛稀疏，竖毛，脱毛；7 皮肤外伤，皮肤溃疡；8 皮肤干燥，皮屑，结痂；9 尾部外伤；10 溃烂；11 断尾；12 环尾；13 头面部毛发稀疏；14 眼睑红肿；15 分泌物增多；16 眼睑闭合；17 结膜浑浊；18 血便；19 粪便干燥；20 水样便；21 其他具体描述
建议检查项目	＿＿＿＿＿＿＿＿＿＿ 1 血液学检查；2 微生物与寄生虫学检查；3 影像学检查；4 病理学检查；5 其他

　　规范化表述病变位置及病变类型，可以参考下页的啮齿类动物背侧与腹侧分区示意图对病变位置做表述，病变的表述可参考本页表中病变异常类型。

　　例如，我们发现一只小鼠，动物整体被毛凌乱（5），背侧头部（DH）毛发稀疏（13），其右侧腹股沟（RG）皮肤有外伤（7），尾部（T）有外伤（9），并有溃疡（10）。结合病变部位和病变类型，其初步印象可如本页表中的表述：5，DH13，RG7，T9，T10。

　　实验动物医师可根据外观改变的初步印象，有选择地进行相关检查。如进行微生物检测，检测项目可针对怀疑病原进行。

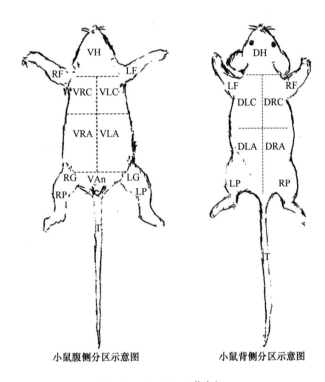

小鼠腹侧分区示意图　　　　小鼠背侧分区示意图

D=dorsal side，背侧

V=ventral side，腹侧

L=left，左侧

R=right，右侧

F=forelimb，前肢

P=posterior limb，后肢

C=chest，胸部

A=abdomen，腹部

H=head，头部

T=tail，尾部

An=anus，肛门

G=groin，腹股沟

实验动物送检可参考下表进行。

<table>
<tr><td colspan="2" align="center">实验动物送检计划表</td></tr>
<tr><td>送检单位</td><td></td></tr>
<tr><td>送检日期</td><td>_____ 年 _____ 月 _____ 日</td></tr>
<tr><td>送检原因</td><td>常规健康监测（　）　患病动物检测（　）</td></tr>
<tr><td>动物种类</td><td>大鼠（　）　小鼠（　）　其他 _____</td></tr>
<tr><td>品系</td><td></td></tr>
<tr><td>动物级别</td><td></td></tr>
<tr><td>单元代码</td><td></td></tr>
<tr><td>样品类型</td><td>活体（　）　血液样品（　）　粪便（　）　其他样品 _____</td></tr>
<tr><td>动物年龄</td><td></td></tr>
<tr><td>样品数量</td><td></td></tr>
<tr><td rowspan="5">检测内容</td><td>清洁级必须检测项目（　）</td></tr>
<tr><td>清洁级必要检测项目（　）</td></tr>
<tr><td>SPF 级必须检测项目（　）</td></tr>
<tr><td>SPF 级必要检测项目（　）</td></tr>
<tr><td>其他选定项目_____</td></tr>
</table>

送检流程

1）送检单位预先与检测实验室沟通，填写实验动物送检计划表。

如送检大鼠、豚鼠等活体动物样品，需提前 3 天确认送检计划。

填表时应明确送检原因。

动物级别为国家标准要求的动物微生物和寄生虫等级，如清洁级和 SPF（specific pathogen free，无特定病原体）级。

动物活体样品应根据单元分开包装，并使用动物运输盒无菌包装，在盒外标清动物样品信息。其他类型样品与检测实验室商定运输条件。

常规健康监测对象为成年动物，如大、小鼠年龄应在 8 周龄以上。

常规健康监测可根据动物级别和检测周期选择国家标准建议的项目。需要时实验动物医师可以在国家标准基础上删、增项目。

患病动物的检测内容由实验动物医师选定，不受国家标准级别的限定。

2）检测实验室核定并确认检测项目和检测方法，按照送检计划做检测准备。

3）送检单位按照约定时间送检动物样品，检测实验室对送样进行核对后，实施工作。

第九章 动物手术

9.1 操作环境

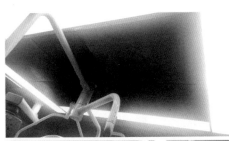

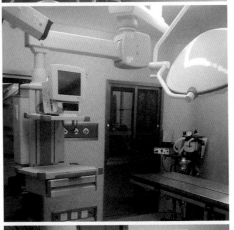

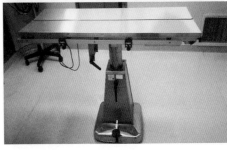

1) 动物手术要求设施内有手术准备间、药品室、手术室及动物术后护理室，以满足动物手术和洗刷消毒的需求。

2) 按净化的级别分为百级手术间、千级手术间及万级手术间，按照所进行手术的要求选择不同等级的手术室。手术室内还应有消毒设备以满足无菌需求，温度控制系统以满足手术过程中动物保温的需求。如现条件无法满足空气净化要求，也应做到环境清洁并有独立的送排风系统、消毒设备及动物术中健康监控设备。

3) 还应设有专门的动物术后恢复观察室，以供动物术后恢复护理使用。

9.2 麻 醉

目前实验动物外科临床上较常应用的麻醉方法有局部麻醉与全身麻醉。

1. 局部麻醉

常用的局部麻醉药剂有盐酸普鲁卡因、盐酸利多卡因、盐酸丁卡因。

常用的局部麻醉方法有表面麻醉和局部浸润麻醉。

表面麻醉：麻醉部位有眼结膜及角膜、鼻、口、直肠黏膜。一般每隔 5min 用药一次，共用 2 或 3 次。麻醉方法是将该药滴入术部或填塞、喷雾于术部。

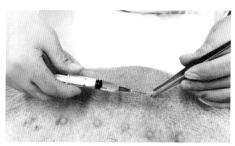

局部浸润麻醉：麻醉方法是将针头插至皮下，边注药边推进针头至所需的深度及长度。

2. 全身麻醉

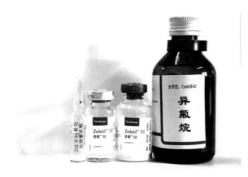

1) 动物在全身麻醉时会出现特有的麻醉状态，表现为镇静、无痛、肌肉松弛、意识消失等。在全身麻醉下，对动物可以进行比较复杂的和难度较大的手术。

2) 常用的麻醉药剂包括注射麻醉药（舒泰等）和吸入麻醉药（异氟烷等），根据手术的情况合理选择麻醉药剂的种类和剂量，以保证手术顺利进行。

3) 常用的方法有注射麻醉和吸入麻醉，注射麻醉常用的麻醉药包括复方氯胺酮、846合剂及舒泰等。吸入麻醉常用的麻醉药一般为异氟烷，在麻醉前需要使用氯胺酮对动物进行诱导麻醉之后方可进行气管插管，并连接呼吸麻醉机。

9.3 外科基本技术

1. 人员准备

1) 洗手：用肥皂彻底清洁手面、手背、手指及指间，冲洗时保持指间高位，使污水向手肘流动，防止污水在指尖蓄积污染。

2) 刷手：以专用一次性刷子对指间及指甲接缝处、指关节进行彻底洗刷，冲洗后用无菌毛巾擦干。

3) 穿无菌手术衣和手套：术者在助手的帮助下穿无菌手术衣、戴无菌手套，保证手术衣和手套不接触污染区域。

2. 动物准备

1）禁食：在手术前应对动物进行禁食，禁食时间根据所要进行手术的情况而定，禁食时应将动物食槽内的食物彻底清理干净。

2）洗澡：动物在手术前应彻底清洗、吹干，以减少手术感染的概率，洗澡时应注意保暖以防动物感冒。

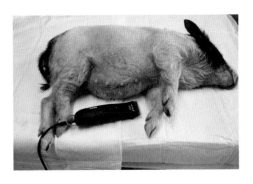

3）皮肤剃毛：动物在麻醉后（如进行呼吸麻醉则在诱导之后）、上台前进行术部剃毛，以方便手术操作，降低感染概率，剃毛区域应充分暴露术部。

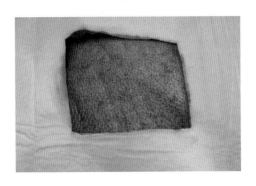

4）手术区域消毒：对动物术部进行消毒，应先用碘伏从内向外彻底对术部进行消毒，在消毒完成后再使用酒精脱碘，消毒部位应充分覆盖术部及周边区域。

5）手术区域铺无菌单暴露术部：覆盖手术周边区域，降低动物组织器官感染概率。

3. 手术刀剪的持握

1) 指压式持刀法：为常用的一种执刀法。以手指按刀背后 1/3 处，用腕与手指力量切割。适用于切开皮肤、腹膜及切断钳夹组织。

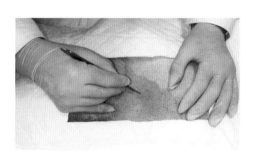

2) 执笔式持刀法：如同执钢笔。动作涉及腕部，力量主要在手指，需用小力量进行短距离精细操作，用于切割短小切口，分离血管、神经等。

3) 手术剪的持握：正确的执剪法是以拇指和第四指插入剪柄的两环内，但不宜插入过深；食指轻压在剪柄和剪刀交界的关节处，中指放在第四指插入环的前外方柄上，准确地控制剪的方向和剪开的长度。

4. 组织切开暴露

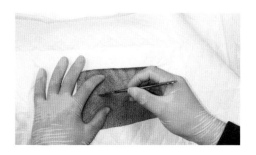

（1）开皮

1）切口选择：需接近病变部位，最好能直接到达手术区，并能根据手术需要便于延长扩大，切口避开大血管、神经和腺体的输出管，以免影响术部组织或器官的机能。

2）紧张切开：较大的皮肤切口应由术者与助手用手在切口两旁或上、下将皮肤展开固定，或由术者在切口两旁将皮肤撑紧并固定，刀刃与皮肤垂直，用力均匀地一刀切开所需长度和深度，必要时也可补充运刀，但要避免多次切割，以免切口边缘参差不齐，影响创缘对合和愈合。

3）皱襞切开：在切口的下面有大血管、大神经、分泌管和重要器官，而皮下组织甚为疏松，为了使皮肤切口位置正确且不误伤其下部组织，术者和助手应在预定切线的两侧，用手指或镊子提拉皮肤呈垂直皱襞，并垂直切开。

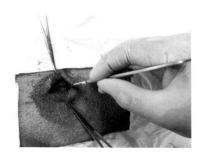

（2）暴露

1）肌肉切开：切开肌肉时，要沿肌纤维方向用刀柄或手指分离肌纤维，少切断，以减少损伤，避免影响愈合。

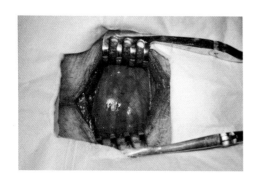

2）膜切开：切开深部筋膜时，为了避免深层血管和神经的损伤，可先切一小口，用止血钳分离张开，然后再剪开。切开腹膜、胸膜时，要防止伤及内脏。

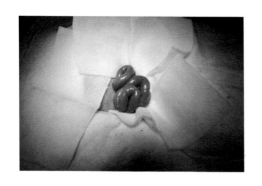

3）组织暴露：在进行手术时，还需要借助拉勾帮助显露。助手要随时注意手术过程，并按需要调整拉勾的位置、方向和力量。同时可以利用大纱布垫将其他脏器从手术视野推开，以增加显露。

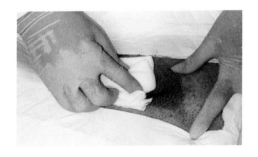

(3) 止血

1) 压迫止血：在毛细血管渗血和小血管出血时，如机体凝血机能正常，压迫片刻出血即可自行停止。为了提高压迫止血的效果，可选用由 0.1% 肾上腺素浸湿后拧干的纱布块进行压迫止血。在止血时，必须是按压，不可擦拭，以免损伤组织或使血栓脱落。

2) 钳夹止血：利用止血钳最前端夹住血管的断端，钳夹方向应尽量与血管垂直，钳住的组织要少，切不可大面积钳夹。

3) 结扎止血：用丝线绕过止血钳所夹住的血管及少量组织而结扎。在结扎结扣的同时，由助手放开止血钳，于结扣收紧时即可完全放松，结扎时所用的力量应大小适中。

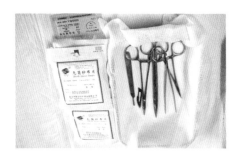

（4）缝合与拆线

1）物品准备：无菌纱布、缝线、手术刀、持针器、剪刀、镊子。

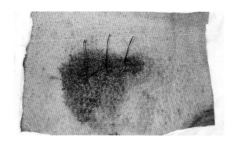

2）间断缝合：缝合时，缝针引入缝线，于创缘一侧垂直刺入，于对侧相应的部位穿出打结。每缝一针，打一次结。缝合要求创缘密切对合。缝线距创缘距离，根据缝合的皮肤厚度来决定。打结在切口一侧，防止压迫切口。

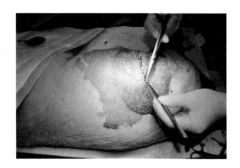

3）连续缝合：单纯连续缝合是用一条长的缝线自始至终连续地缝合一个创口，最后打结。第一针和打结操作同间断缝合，以后每缝一针前，对合创缘，避免创口形成皱褶，使用同一缝线以等距离缝合，拉紧缝线，最后留下线尾，在一侧打结。

4）缝线拆除：在术后根据动物的恢复情况选择拆线的时机，一般在术后 7 天进行拆线。拆线应该严格遵循外科手术拆线的要求，防止动物组织感染。

9.4 紧急情况处理

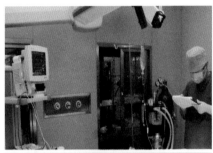

1) 在手术过程中应使用监护设备对动物的呼吸、心率、心电及血压进行实时监控，及时发现问题并处理解决。

2) 在麻醉过程中动物可能会出现心率异常下降及呼吸过度抑制等意外情况，因此必须及时用药处理。常用药物包括肾上腺素和尼可刹米等。如动物在术中出现急性休克则应使用阿托品等药物进行干预。

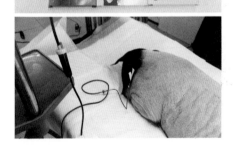

3) 动物在手术过程中会出现不同程度的失血，失血量较小可以使用等渗液体或代血浆进行补液，如失血量大则必须对动物进行输血。输血前必须进行血液符合性试验，以防发生输血反应。受血者在输血过程中出现突然不安，呼吸、脉搏增加，肌肉震颤，排尿频繁，高热，可视黏膜发绀等情况，应停止输血，配合强心、补液治疗。

9.5 注意事项

1) 动物术后应该饲养在符合相关标准的饲养设施内。为了方便对动物进行观察，防止动物因术后不适而发生冲突厮打，在术后一段时间内应对动物进行单笼饲养。

2) 为了防止动物剧烈运动影响术后恢复，还应该根据动物的体型大小选择合适体积的单笼，在术后几天对动物运动进行适度的限制。

3) 镇痛：手术后根据动物疼痛的程度合理选择镇痛药物。

4) 消炎：在手术后根据动物自身情况，给予 3～5 天的抗生素，可以减少动物感染，提高手术的成功率。

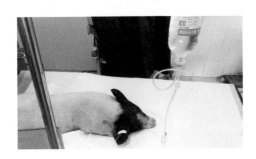

5) 补液：根据手术过程中动物体液流失的情况，对动物进行补液，可以选择等渗糖盐水或者代血浆。

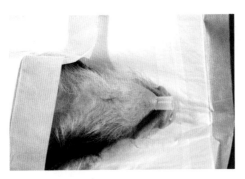

6) 保暖：动物在手术后直至完全苏醒必须进行保暖，如电热毯、毛巾被等，以防发生意外，如手术采用呼吸麻醉，气管插管应保留至动物苏醒以降低窒息风险。

附录 常用术语

保定 指用人为的方法使动物易于接受诊断、治疗和实验，是为保障人和动物安全所采取的保护性措施。

文身 就是用带有墨的针刺入动物皮肤底层而在皮肤上制造出多位数字与字符的组合，表示该动物的分组及编号等信息。

吞咽反射 食物进入口中引起的一系列有关肌肉的反射性、顺序性收缩反应。目的是使食物由口腔进入胃内。大致包括三步：①舌翻卷把食物推入咽部；②食物刺激咽部的大量感受器，引起一系列肌肉的反射性收缩，将食物由咽部挤入食管；③食管肌肉的顺序性收缩，使食物沿食管下行至胃，从而完成整个吞咽过程。在实验动物操作中吞咽反射主要用于检查动物的麻醉程度及利用吞咽反射给动物口服给药。

窒息 呼吸过程由于某种原因受阻或异常，导致全身各器官组织缺氧、二氧化碳潴留而引起的组织细胞代谢障碍、功能紊乱和形态结构损伤的病理状态。

灌胃针 在给啮齿类或其他小型实验动物灌胃时所使用的特殊针头。小鼠的灌胃针长 4～5cm，直径为 1mm，大鼠的灌胃针长 6～8cm，直径约 1.2mm。灌胃针的尖端焊有一小圆金属球，金属球是中空的。焊金属球的目的是防止针头刺入气管或损伤消化道。针头金属球端弯曲呈 20°，以适应口腔、食道的生理弯曲度走向。

灌胃 通过一定的工具，如灌胃针或胃管，将药物或磨碎的食糜直接注入胃内的方法。灌胃给药时不同动物最大给药体积：小鼠 0.4mL/(10g·W)，大鼠 2mL/(100g·W)，豚鼠 2mL/(100g·W)，家兔 80～150mL/只。

滴鼻 将液态药物通过滴管滴入鼻腔的方法。实验动物上呼吸道给药时常采用滴鼻或者雾化吸入的方法。

雾化 指通过喷嘴或用高速气流使液体分散成微小液滴的操

作，即使液体经过特殊装置化成小滴，呈雾状喷射出去。

气溶胶　由固体或液体小质点分散并悬浮在气体介质中形成的胶体分散体系，又称气体分散体系。分散相为固体或液体小质点，其大小为 $0.001 \sim 100\mu m$，分散介质为气体。气溶胶是大气重要的组成部分，直接影响人类健康。本书中的气溶胶指的是生物气溶胶，是指含有微生物的气溶胶。

固定器　用于限制或固定动物位置，以对其进行观察、采血、给药操作或其他需要对动物位置固定的实验。

脱毛　利用脱毛药剂或剃毛器等将体表的毛发暂时脱去，达到便于实验观察及动物实验操作的目的。

回血　在做动静脉注射、静脉输液操作时，血液由血管内反流至注射器的过程。

红细胞　也称红血球，是血液中数量最多的一种血细胞，也是脊椎动物体内通过血液运送氧气的最主要媒介，同时具有免疫功能。哺乳动物成熟的红细胞是无核的，这意味着它们失去了 DNA。红细胞也没有线粒体，它们通过分解葡萄糖释放能量。其运输氧气，也运输一部分二氧化碳。运输二氧化碳时呈暗紫色，运输氧气时呈鲜红色。

白细胞　是一类无色、球形、有核的血细胞。白细胞不是一个均一的细胞群，根据其形态、功能和来源部位可以分为三大类：粒细胞、单核细胞和淋巴细胞。白细胞是人体与疾病斗争的"卫士"。当病菌侵入人体体内时，白细胞能通过变形而穿过毛细血管壁，集中到病菌入侵部位，将病菌包围、吞噬。如果体内的白细胞数量高于正常值，很可能是身体有了炎症。

网织红细胞　是骨髓中晚幼红细胞脱核后到成为完全成熟的红细胞之间的过渡型细胞。网织红细胞生成后在骨髓中贮存 $2 \sim 3$ 天就会进入血液。

血压　是指血液在血管内流动时作用于单位面积血管壁的侧压力，它是推动血液在血管内流动的动力。在不同血管内分别称为动脉血压、毛细血管压和静脉血压，通常所说的血压是指体循环的动脉血压。小鼠正常收缩压是 $80 \sim 100mmHg$，大鼠正常收缩压是 $100 \sim 130mmHg$。

血浆　是血液的细胞外基质。血浆的组成极其复杂，包括蛋白质、脂类、无机盐、糖、氨基酸、代谢废物及大量的水。血浆蛋白是血液中最重要的基质蛋白。

血清 指血液凝固后，从血浆中除去纤维蛋白原分离出的淡黄色透明液体或指纤维蛋白原已被除去的血浆。

抗凝剂 用于防止血标本凝固的试剂，常用的抗凝剂有乙二胺四乙酸（EDTA）盐、柠檬酸盐、肝素等。

胸水 胸腔是由壁层胸膜与脏层胸膜所围成的一个封闭性腔隙，其内为负压，正常情况下两层胸膜之间存在很少量的液体起润滑作用，减少呼吸过程中两层胸膜之间的摩擦，利于肺在胸腔内舒缩。这种液体从壁层胸膜产生，由脏层胸膜吸收，不断循环而处于动态平衡，液体量保持恒定。当发生某种情况影响到胸膜时，无论是壁层胸膜产生胸水或是脏层胸膜吸收胸水的速率有变化，都可使胸腔内液体增多，也就是所谓的胸腔积水（积液）。

腹水 指腹腔内游离液体过量积聚。在正常状态下腹腔内有少量液体，对肠道起润滑作用。任何病理情况导致的腹腔内液量增加超过一定量即称为腹水。腹水是许多疾病的一种临床表现，产生腹水的原因很多，较为常见的有心脏疾病、肝脏疾病、肾脏疾病、腹膜疾病、营养障碍性疾病、恶性肿瘤、结缔组织病等。

肿瘤 是指机体在各种致瘤因子作用下，局部组织细胞增生所形成的新生物，因为这种新生物多呈占位性块状突起，也称赘生物。

胃管 以聚氨酯或硅胶等材料制成的管路，可由鼻孔或口腔插入，经由咽部，通过食管到达胃部，多是用来抽胃液，也可以用来往胃里注入液体，给患者或动物提供必需的食物和营养。

导尿管 是以天然橡胶、硅橡胶或聚氯乙烯（PVC）制成的管路，可以经由尿道插入膀胱以便引流尿液。导尿管插入膀胱后，靠近导尿管头端有一个气囊固定导尿管留在膀胱内而不易脱出，且引流管连接尿袋收集尿液。

代谢笼 是一种特别设计的用于采集实验动物各种排泄物的密封式饲养笼，除可以收集实验动物自然排出的尿液外，还可以收集粪便和动物呼出的二氧化碳。

超声耦合剂 医用耦合剂是一种由新一代水性高分子凝胶组成的

医用产品。它的 pH 为中性，对人体无毒无害，不易干燥，不易酸败，超声显像清晰，黏稠性适宜，无油腻性，探头易于滑动，可湿润皮肤，消除皮肤表面空气，润滑性能好，易于展开，对超声探头无腐蚀、无损伤。

运动伪影　指动物的呼吸运动或其他运动造成的原本被扫描物体上并不存在而在图像上却出现的各种形态的影像。

活体动物体内光学成像　分为生物发光与荧光发光两种技术。生物发光是用荧光素酶基因进行标记；荧光发光则采用荧光报告基团进行标记。利用一套灵敏的光学检测仪器，研究人员能够直接监控活体生物体内的细胞活动和生物分子行为。

造影剂　是为增强影像观察效果而注入（或服用）到动物组织或器官的化学制品。这些制品的密度高于或低于周围组织，形成的对比用某些器械显示图像。例如，X 射线观察常用的碘制剂、硫酸钡等。

麻醉诱导　指吸入或静脉麻醉时动物从清醒状态转为可行手术操作的麻醉状态的全进程。

交感神经系统兴奋现象　交感神经兴奋能引起腹腔内脏及皮肤末梢血管收缩、心搏加强和加速、新陈代谢亢进、瞳孔散大、疲乏肌肉的工作能力增加等。

安乐死　源于希腊文，由安逸和死两个词素构成，安乐死的原始定义是"安详无痛的死亡"。实验动物安乐死是指在不影响动物实验结果的前提下，使实验动物短时间内无痛苦地死亡。不会有由刺激产生的肉体疼痛及由刺激引起的精神上的痛苦、恐怖、不安及抑郁。

取材　指根据动物实验目的及组织病变程度合理地取得组织材料。每个组织器官的取材都有一定的部位和方法，不能任意切取组织作为制片材料。

固定剂　在显微镜技术中，用于将组织的蛋白质沉淀凝集，以利于用光学或电子显微镜观察的化学试剂，常见的固定剂有甲醛、戊二醛、四氧化锇等。

病变部位　指肉眼可见的组织器官表面或内部出现的病灶的分布、位置、大小、数量、形状等性状。

取材部位　病理针对病变部位的取材，原则上要不破坏病变与正常组织的原有解剖关系，最大面地暴露病变的面貌，病变组织与周围正常组织一并取材。

隔离环境设施　采用无菌隔离装置以保持无菌状态或无外来污染物。隔离装置内的空气、水、饲料和设备应无菌，动物和物料的传递需经特殊的传递系统。

屏障环境设施　符合动物居住的要求，严格控制人员、物品和空气的进出，实验动物生存在与外界隔离的环境内。

独立通气笼 (IVC)　是指在封闭独立单元（笼盒或笼具）内，送入清洁空气，将废气集中排放出去，可在超净工作台内操作和饲养 SPF 级实验动物的饲养与实验设备。

哨兵动物　来源于实验动物，用于监测实验动物饲养环境中病原及病原感染状况的动物。一般选择与被监测动物遗传背景相同的同等级别实验动物，亦可选择对某些病原敏感的动物品系。哨兵动物应放置在最有可能感染病原的区域和位置，尽可能反映被监测动物或环境的微生物状态。哨兵动物作为一种检测样本，可反映群体中病原传播状况。在没有足够动物（如动物实验或珍稀动物品系）作为检测样本或饲养群体没有合适的动物用作检测样本（如免疫缺陷动物的血清学检测）的情况下，检测哨兵动物是最合适的方法。

弓背　小鼠等啮齿类动物出现不适时经常表现出来的一种身体姿态。弓背是判断小鼠是否出现不适最常用的观察指标之一。

接种　按无菌操作技术要求将目的微生物移接到培养基中的过程。

血涂片　利用玻片间的摩擦接触，将血滴在玻片上推成一片血膜的方法，使得血细胞较均匀地分布在玻片上，用于在显微镜下观察血细胞形态。

相差显微镜　相差显微镜是荷兰科学家 Zernike 于 1935 年发明的，是用于观察未染色标本的显微镜。活细胞和未染色的生物标本，因细胞各部细微结构的折射率和厚度不同，光波通过时，波长和振幅并不发生变化，仅相位发生变化 (x 相位差)，这种相位差人眼无法观察。相差显微镜通过改变这种相位差，并利用光的衍射和干涉现象，把相位差变为振幅差来观察活细胞和未染色的标本。动物实验常用相差显微镜观察寄生虫标本。

潜血　就是"潜在的出血"，也就是在肉眼下或显微镜下无法观察到有红细胞存在，但如果用试纸检验有反应，因为当红细胞遭受破坏时，其内含的血红素就会释放出来，所以试纸才能检测到血红素。

实验动物饲养单元　指实验动物饲养生活的空间与管理相对独立的单元。其独立性体现在空间独立，动物的管理，包括接触人员、物品等与其他单元分离。

麻醉　用药物或其他方法使动物整体或局部暂时失去感觉，以达进行无痛手术治疗或实验。

麻醉药剂　是指用药物或非药物方法使动物全身或局部暂时可逆性失去知觉及痛觉，多用于动物样本采集（如采血、等尿）、给药、手术或某些疾病治疗的药剂。实验动物常用的全身麻醉药包括戊巴比妥钠、氯胺酮、异氟烷等。

镇痛　可缓解或消除疼痛，是麻醉的组成部分，属机体对伤害性刺激反应的组成部分，是麻醉必需的辅助措施，镇痛时动物大多处于有意识状态。

镇静剂　指可减少某些器官或组织活性，抑制中枢神经系统以起镇静作用的药物。大剂量时可引起睡眠和全身麻醉。它们有助于缓解动物的抑郁和焦虑情绪。它们被用来治疗精神紧张，并不影响正常的大脑活动。但在发挥治疗作用的同时，镇静剂也表现出种种不良反应，特别是连续使用时会成瘾。实验动物常用的镇静剂可分为阿片类镇痛药和非甾体消炎药。

苏醒　动物由麻醉状态恢复到清醒状态，生命各项体征恢复稳定的过程。

禁食　是有意识地停止动物进食的行为，一般多用于动物手术、解剖或一些特殊检查之前。实验动物的禁食一般采取禁食过夜，涉及消化道手术需术前一天流食，术前12h禁食。

消毒　指杀死病原微生物、但不一定能杀死细菌芽孢的方法。通常用化学的方法来达到消毒的目的。用于消毒的化学药物称为消毒剂。

灭菌　用强烈的理化因素使任何物体内外部一切微生物永远丧失其生长繁殖能力的措施。

呼吸麻醉机　通过机械回路将麻醉药剂送入实验动物的肺泡，形成麻醉药剂气体分压，弥散到血液后，对中枢神经系统直接发生抑制作

用，从而产生全身麻醉的效果。实验动物使用异氟烷等气体麻醉时常采
用呼吸麻醉机。

表面麻醉　利用局部麻醉药剂的组织穿透作用透过黏膜，阻滞表
面的神经末梢。

局部浸润麻醉　沿手术切口逐层注射麻醉药剂，靠药液的张力弥
散、浸入阻滞，麻醉感觉神经末梢。

肌肉松弛药　N2 胆碱受体阻滞药又称骨骼肌松弛药，能选择性地
作用于运动神经终板膜上的 N2 受体，阻断神经冲动向骨骼肌传递，导
致肌肉松弛。肌肉松弛药能松弛骨骼肌，但无镇静、麻醉和镇痛作用。
动物实验常用的肌肉松弛药有琥珀胆碱、筒箭毒碱等。

全身麻醉药　简称全麻药，是一类能抑制中枢神经系统功能的药
物，可逆性引起意识、感觉和反射消失，骨骼肌松弛药，主要用于外科
手术前麻醉。根据给药方式的不同，全麻药分为吸入性麻醉药和静脉麻
醉药两类。动物实验常用的全麻药有戊巴比妥钠、846 合剂、氯胺酮、
异氟烷等。

局部麻醉药　是一类能在用药局部可逆性地阻断感觉神经冲动发
生与传递的药品，简称局麻药。在保持意识清醒的情况下，可逆地引起
局部组织痛觉消失。一般来说，局麻药的作用局限于给药部位并随药物
从给药部位扩散而迅速消失。动物实验常用的局麻药有普鲁卡因、利多
卡因等。

敷料　指用于物品主料之外的辅属材料，主要指止血纱布（通常
为医用脱脂纱布）。

剖宫产　是经腹切开子宫取出动物胚胎或胎儿的手术。

实验动物科学丛书

I 实验动物管理系列
常见实验动物感染性疾病诊断学图谱
实验动物科学史
实验动物质量控制与健康监测
II 实验动物资源系列
实验动物新资源
悉生动物学
III 实验动物基础科学系列
实验动物遗传育种学
实验动物解剖学
实验动物病理学
实验动物营养学
IV 比较医学系列
实验动物比较组织学彩色图谱（2，978-7-03-048450-5）
比较影像学
比较解剖学
比较病理学
比较生理学
V 实验动物医学系列
实验动物疾病（5，978-7-03-058253-9）
实验动物医学
VI 实验动物福利系列
实验动物福利
VII 实验动物技术系列
动物实验操作技术手册（7，978-7-03-060843-7）
VIII 实验动物科普系列
实验室生物安全事故防范和管理（1，978-7-03-047319-6）
实验动物十万个为什么
IX 实验动物工具书系列
中国实验动物学会团体标准汇编及实施指南（第一卷）（3，978-7-03-053996-0）
中国实验动物学会团体标准汇编及实施指南（第二卷）（4，978-7-03-057592-0）
中国实验动物学会团体标准汇编及实施指南（第三卷）（6，918-7-03-060456-9）
中国实验动物学会团体标准汇编及实施指南（第四卷）